周　期　表

10	11	12	13	14	15	16	17	18	族／周期
								4.003 2 He ヘリウム $1s^2$ 24.59	**1**
			10.81 5 B ホウ素 $[He]2s^2p^1$ 8.30　2.0	12.01 6 C 炭素 $[He]2s^2p^2$ 11.26　2.5	14.01 7 N 窒素 $[He]2s^2p^3$ 14.53　3.0	16.00 8 O 酸素 $[He]2s^2p^4$ 13.62　3.5	19.00 9 F フッ素 $[He]2s^2p^5$ 17.42　4.0	20.18 10 Ne ネオン $[He]2s^2p^6$ 21.56	**2**
			26.98 13 Al アルミニウム $[Ne]3s^2p^1$ 5.99　1.5	28.09 14 Si ケイ素 $[Ne]3s^2p^2$ 8.15　1.8	30.97 15 P リン $[Ne]3s^2p^3$ 10.49　2.1	32.07 16 S 硫黄 $[Ne]3s^2p^4$ 10.36　2.5	35.45 17 Cl 塩素 $[Ne]3s^2p^5$ 12.97　3.0	39.95 18 Ar アルゴン $[Ne]3s^2p^6$ 15.76	**3**
58.69 8 Ni ッケル $3d^8 4s^2$ 1.8	63.55 29 Cu 銅 $[Ar]3d^{10}4s^1$ 7.73　1.9	65.38 30 Zn 亜鉛 $[Ar]3d^{10}4s^2$ 9.39　1.6	69.72 31 Ga ガリウム $[Ar]3d^{10}4s^2p^1$ 6.00　1.6	72.63 32 Ge ゲルマニウム $[Ar]3d^{10}4s^2p^2$ 7.90　1.8	74.92 33 As ヒ素 $[Ar]3d^{10}4s^2p^3$ 9.81　2.0	78.97 34 Se セレン $[Ar]3d^{10}4s^2p^4$ 9.75　2.4	79.90 35 Br 臭素 $[Ar]3d^{10}4s^2p^5$ 11.81　2.8	83.80 36 Kr クリプトン $[Ar]3d^{10}4s^2p^6$ 14.00　3.0	**4**
106.4 Pd ラジウム $Kr]4d^{10}$ 2.2	107.9 47 Ag 銀 $[Kr]4d^{10}5s^1$ 7.58　1.9	112.4 48 Cd カドミウム $[Kr]4d^{10}5s^2$ 8.99　1.7	114.8 49 In インジウム $[Kr]4d^{10}5s^2p^1$ 5.79　1.7	118.7 50 Sn スズ $[Kr]4d^{10}5s^2p^2$ 7.34　1.8	121.8 51 Sb アンチモン $[Kr]4d^{10}5s^2p^3$ 8.64　1.9	127.6 52 Te テルル $[Kr]4d^{10}5s^2p^4$ 9.01　2.1	126.9 53 I ヨウ素 $[Kr]4d^{10}5s^2p^5$ 10.45　2.5	131.3 54 Xe キセノン $[Kr]4d^{10}5s^2p^6$ 12.13　2.7	**5**
195.1 Pt 白金 $5d^9 6s^1$ 2.2	197.0 79 Au 金 $[Xe]4f^{14}5d^{10}6s^1$ 9.23　2.4	200.6 80 Hg 水銀 $[Xe]4f^{14}5d^{10}6s^2$ 10.44　1.9	204.4 81 Tl タリウム $[Xe]4f^{14}5d^{10}6s^2p^1$ 6.11　1.8	207.2 82 Pb 鉛 $[Xe]4f^{14}5d^{10}6s^2p^2$ 7.42　1.8	209.0 83 Bi ビスマス $[Xe]4f^{14}5d^{10}6s^2p^3$ 7.29　1.9	(210) 84 Po ポロニウム $[Xe]4f^{14}5d^{10}6s^2p^4$ 8.42　2.0	(210) 85 At アスタチン $[Xe]4f^{14}5d^{10}6s^2p^5$ 9.5　2.2	(222) 86 Rn ラドン $[Xe]4f^{14}5d^{10}6s^2p^6$ 10.75	**6**
(281) Ds スタチウム $f^{14}6d^9 7s^1$	(280) 111 Rg レントゲニウム $[Rn]5f^{14}6d^{10}7s^1$	(285) 112 Cn コペルニシウム $[Rn]5f^{14}6d^{10}7s^2$	(278) 113 Nh ニホニウム $[Rn]5f^{14}6d^{10}7s^2p^1$	(289) 114 Fl フレロビウム $[Rn]5f^{14}6d^{10}7s^2p^2$	(289) 115 Mc モスコビウム $[Rn]5f^{14}6d^{10}7s^2p^3$	(293) 116 Lv リバモリウム $[Rn]5f^{14}6d^{10}7s^2p^4$	(293) 117 Ts テネシン $[Rn]5f^{14}6d^{10}7s^2p^5$	(294) 118 Og オガネソン $[Rn]5f^{14}6d^{10}7s^2p^6$	**7**

| 152.0
Eu
コピウム
$4f^7 6s^2$
1.2 | 157.3
64 Gd
ガドリニウム
$[Xe]4f^7 5d^1 6s^2$
6.15　1.2 | 158.9
65 Tb
テルビウム
$[Xe]4f^9 6s^2$
5.86　1.2 | 162.5
66 Dy
ジスプロシウム
$[Xe]4f^{10}6s^2$
5.94　1.2 | 164.9
67 Ho
ホルミウム
$[Xe]4f^{11}6s^2$
6.02　1.2 | 167.3
68 Er
エルビウム
$[Xe]4f^{12}6s^2$
6.11　1.2 | 168.9
69 Tm
ツリウム
$[Xe]4f^{13}6s^2$
6.18　1.2 | 173.0
70 Yb
イッテルビウム
$[Xe]4f^{14}6s^2$
6.25　1.1 | 175.0
71 Lu
ルテチウム
$[Xe]4f^{14}5d^1 6s^2$
5.43　1.2 | ランタ
ノイド |
| (243)
Am
リシウム
$5f^7 7s^2$
1.3 | (247)
96 Cm
キュリウム
$[Rn]5f^7 6d^1 7s^2$
6.09　1.3 | (247)
97 Bk
バークリウム
$[Rn]5f^9 7s^2$
6.30　1.3 | (252)
98 Cf
カリホルニウム
$[Rn]5f^{10}7s^2$
6.30　1.3 | (252)
99 Es
アインスタイニウム
$[Rn]5f^{11}7s^2$
6.52　1.3 | (257)
100 F
フェル
$[Rn]5f$
6.64 | (259)
$7s^2$ | (262)
r
ウム
$7s^2$ | | アクチ
ノイド |

看護系で役立つ 化学の基本

第2版

有本 淳一 著

化学同人

はじめに

　2020 年，世界は新型コロナウイルス感染症の嵐が吹き荒れ，日常生活や経済活動だけに留まらず，人類としてのアイデンティティーや尊厳までもが危機的な状況に陥りました．そして，すべてがコロナ前の世界には戻ることができない変化を強いられることになりました．本書はまさにこのような空気感のなかでつくり上げられました．

　もともと本書は，京都中央看護専門学校（現 京都中央看護保健大学校）での講義をもとに執筆し，2013 年に第 1 版を上梓しました．大学・専門学校などで人体の構造やはたらきについて学ぶ学生を対象とし，中学・高校の化学の知識からはじめ，生化学や生理学へ橋渡ししていくというコンセプトでした．そして，看護系のみならず，医療技術系や食品・栄養系など人体に関連した化学を学ぶ必要のある多くの学生を念頭におき，執筆しました．以降，2020 年までに，いろいろな大学や専門学校でもテキストとして活用していただきました．このような形で医療者養成に貢献できたことはたいへん光栄なことだと考えています．このたび機会をいただき，本書を大きく改訂しました．

　今回の改訂に際しては，2013 年以降の講義のなかで蓄積してきたことを盛り込み，また社会情勢の変化を受けて中身を見直しました．たとえば，全体の構成を変えて，放射線に関する部分を独立させ，章へ格上げしました．また，新型コロナウイルス感染症に関連しては，酸化還元反応や誤解の多い次亜塩素酸に関する内容を盛り込みました．章のはじめには，その章でどういったことを学ぶのかがぱっとわかるように，「理解するポイント」を追加しました．

　第 1 版の「はじめに」に私は次のような文章を書いています．

　"ともすると，医療に関する専門知識や技術に比べて軽視されがちな基礎知識ですが，医療の現場で自ら判断し，行動するためには基本的な知識が身についている必要があると考えています．とくに自分が今まで経験したことがないような状況に遭遇することも，看護の現場では多々あるでしょう．そんなとき，的確かつ冷静に，科学的な根拠をもって判断するために，本書に書かれている内容をしっかりと身につけてほしいと考えています．"

　今般の新型コロナウイルス感染症のようなものを想定していたわけではありませんが，意図せずここで述べていたような状況になってしまいました．いま，第 1 版執筆時にも増して，このような思いを強くしています．

　さて，本書は先にも述べましたが，講義から生まれたもので，講義で使われることを想定していますが，もちろん自習書として，一人で読み進めても内容が理解できるように工

夫しました．それが本文の横のマージンの解説や，コラムとして入れた基礎知識や関連項目，そして練習問題です．マージンやコラムを読みながら，いろいろな知識や学びを，「つなぐ，つながる，つなげる」という感覚で深めてください．練習問題については，化学同人社のホームページより提供し，随時更新していきたいと考えています．ぜひ活用してください．

　また，本書は『看護系で役立つ 生物の基本』とセットで刊行されてきました．これは第2版になっても変わっていません．『看護系で役立つ 生物の基本』では，生化学や生理学についても書かれていますので，本書で学んだ知識をもって，次に学ばれることをお勧めします．

　本書をきっかけに読者のみなさんが，それぞれの専門分野を学ぶうえでの基礎固めをし，科学に根ざしたより本質的な理解や思考を身につけ，さらに主体的で深い学びにつなげることによって，立派な医療者になられることを願って止みません．本書がその一助となればこれほどの喜びはありません．

　最後に，本書の刊行にあたってそのきっかけをくださった池西静江先生，第1版をご査読いただいた久田保彦先生，企画当初から第1版まで編集を担当していただいた杉坂恵子さん，山本富士子さんに改めて感謝を申し上げたいと思います．

　また，何より姉妹書『看護系で役立つ 生物の基本』を執筆された西沢いづみ先生，第2版の編集を担当していただいた岩井香容さんには，腰の重い私を，ときには手を引き，ときには背中を押して，ここまで連れてきていただきました．深く感謝の意を表したいと思います．

有本　淳一

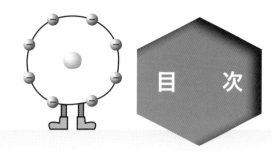

目　次

問題の解答および追加の問題や参考資料は, 化学同人 HP にございます.
　https://www.kagakudojin.co.jp
右記のコードからもアクセスできます.

序章

私たちは人体をどうとらえ，
どう学んでいけばいいのだろうか？
―学び方・ものの見方を身につけよう―

1　科学的に人体をとらえる

1-1　人体は何からできていて，どうやって動くか

　これから人体について科学的に学んでいくうえで，私たちは人体をどのようにとらえて，それをどのように学んでいけばいいのだろう？

　ここに自転車の絵がある（図1）．自転車は何からできているだろうか？思いつくものをあげてみよう．

図1　自転車

　何が思い浮かんだだろうか．タイヤ，ハンドル，ペダル，かご，あるいは金属，ゴム，プラスチック…といったものだろうか．タイヤやハンドルと金属やゴムでは，どちらも「自転車は何からできているのか？」という問いには正しく答えているが，答えの内容には違いがある．タイヤやハンドルは自転車を構成している部品（パーツ）であり，金属やゴムは自転車をつくっている材料である．

　では，自転車はどのようにして動くのだろうか．自分の言葉で説明してみよう．たとえば，「自転車は，ペダルをこいでギアを回転させ，その回転する作用がチェーンによってタイヤに伝えられ，タイヤが回転することによって動く」といった説明ができるだろう．

　いま身近なものとして自転車を取り上げて考えてみたが，同じことを人体についても考えてみよう．つまり，次の質問について自分の言葉で答えてみてほしい．

質問

① 人体は何からできていますか？
② 人体はどのようにして(生命)活動しますか？

　質問①について，どのような答えがでただろうか．細胞，手，足，心臓，脳，血液，DNA，水…．人体は複雑なため，でてきたものも多種多様なのではないだろうか．では，でてきたものを自転車同様に少し分類してみよう．まずは部品(パーツ)と材料から…．このようにしてみると複雑な人体も整理してとらえられることがわかるだろう．

　また，質問②についてはどんな答えがでただろうか．質問①にも増していろいろな答えがでたと思うが，ポイントは，自転車と同様に，このような見方をすればより深く人体を知ることができるという点である．

　つまり，これから人体をみていくうえで，何からできているのか（自転車でいう材料，パーツ），どのように活動するのか(自転車でいうパーツが連携してどのように機能するのか)，ということに注目してとらえるとずいぶん理解しやすくなる．人体を学ぶにあたって，このことを頭におきながら進めていってほしい．

1-2　"化学"的な人体の見方

　1-1 項で紹介した人体のとらえ方で，本書が扱う内容をみてみると，からだをつくる材料としての物質や機能させるのに必要な物質，また，それらの物質をどのように外界とやり取りしているのかというしくみについての紹介が中心となる．

　人体を構成する物質は，大きくとらえると図2のように，約60％を水，約20％をタンパク質，残り約20％を脂質，核酸，炭水化物，無機物が占めている．そこで，まずこれらの物質がどのようなものなのかを理解する必要がある．水と無機物を除く物質は生体高分子といわれ，とても多くの元素が

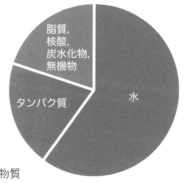

図2　人体を構成する物質

結合して構成されている．これら生体高分子がどのような物質でどのような特徴をもつのかという専門的な内容は「生化学」とよばれる分野での内容になる．ここではその基礎となる元素とはどういうものか，結合とはどのように起きるのか，また，生体高分子の基礎的な知識について学び，「生化学」へ橋をかけたい．

　人体の約60〜70％が水ということを考えると，人体は水溶液で満たされているといっても過言ではないだろう．たとえば，血液に代表される体液は水溶液というイメージに最も近いだろうし，細胞も細胞内液という水溶液で満たされた，いわばプールのなかを細胞小器官が浮かんでいたり，泳ぎ回っていたりするというようにとらえることができる．ここで重要なことは，どういう物質が水に溶けるかということであり，溶けるとどうなるのか，つまり，水溶液の性質である．さらに，人体を満たしている水溶液は，皮膚や細胞膜といったいろいろな膜に覆われている．したがって，外界の物質はどのようにしてこの膜を突破するのかがポイントになる．水や水溶液という言葉をキーワードにストーリーを展開したいと思う．

　本書は一般的な化学の入門書と比べ，章構成，内容の掘り下げ方についてもずいぶん趣が異なっていると思うが，それは上記のような理由によるためである．今後，読み進めていくうえでこの視点にのっとって学んでいってほしい．

1-3　本書の章構成と読み進め方

　1-2項で示した視点と本書の章構成を具体的につないでおこう．

● からだをつくる材料，機能させる物質

元素とはどういうものか？	⇒	結合とはどのように起きるのか？	⇒	からだをつくる物質	⇒	放射線による影響
（周期表，電子配置）		（化学結合，化学反応）		（生体高分子）		
1章		4章		7章		3章

● 物質を外界とやり取りするしくみ

水に溶けるとは？	⇒	水溶液にどれだけ溶けているか？	⇒	膜を通した水・水溶液の性質
（電解質）		（濃度）		（浸透現象，酸・塩基）
5章		2章		6章

　このように本書は大きな流れとして二つの道筋を用意している．この道筋

に沿って章を読み進めれば，内容が理解できるように設計してある．まずは一度，このストーリーに沿って全体を通読することをおすすめする．

　通読するうえでの注意であるが，1章と4章は化学全般の基礎でもあるので，「**物質を外界とやり取りするしくみ**」でも必要な知識である．どの章を読んでいても，基本事項に立ち返る必要がでてきたときには，この二つの章を読み返してほしい．3章の「放射線による影響」は，本筋を外れることになるが，医療の点からも，東日本大震災以降を生きるという点からも，欠かせない話題となるので，あえて一つの章にまとめた．

　また，どのように本書を使いながら学んでいくのかということであるが，まずは本文を読む前に，「**理解するポイント**」に目を通し，何を理解しなければならないのかポイントを押さえると理解しやすいだろう．「**理解するポイント**」の①，②，…の各項目は疑問文の形になっているので，この問いにどのように答えたらよいのかということを考えながら本文を読み進めていこう．たとえば，ノートの見開き2ページに対して一つの項目をまとめていくといった学び方がおすすめである．左上に項目の問いを書き，本文を読みながらイラストなどを使って自分の言葉でまとめていく，最後に「**本章のまとめ**」を読んで，自分で書いたまとめと比べて，間違いを直したり，足りないことを書き加えたりする．そして，日数をおいて，まとめのワークの問いに取り組んでみよう．

　面倒なことではあるが，このようなノートづくり，自分でまとめる，日数をおいての復習という，しっかり手を使った地道な作業が，知識の定着につながるので，嫌がらずに取り組んでほしい．

　学んだ知識を"自分の言葉"で説明できるということを目標に，さあ学びに取り組もう！

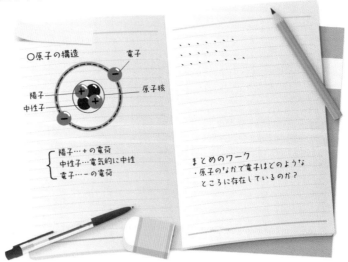

1章

「もの」は何でできているの？
―原子のすがたをみてみよう―

本章のねらい

　私たちの身のまわりにはいろいろな「もの」があります．みかけの形や大きさ，触り心地，あるいは性質は，あまりにもまちまちで，これらをまとめて考えることは不可能なように思えます．しかし，どんなものもすべて"原子"からできているということをみなさんは学んでいるはずです．

　1章ではその物質の最小の構成要素，あるいは究極の姿といってもよい"原子"について，人体と結びつけながらくわしくみていきましょう．人のからだと原子ではあまりにも大きさが違いすぎて，なかなかふつうの感覚では結びつけることはできません．でも，私たちが生きていること（たとえばご飯を食べて，それが消化される）は，実はミクロな世界の変化なのです．つまり，私たちのからだのなかでは常に化学反応が起こっており，したがって，生きているということは化学反応の連続なのです．こういった感覚が身につくように，ここではその主役となる"原子"というものはいったいどういうもので，どういう性質をもっているのかを紹介します．

 ### 理解するポイント

　次の項目を頭におきながら本文を読もう．学び終わったあとにこれらの質問に答えられるようになるのが目標だ！

① **原子はどういうもので，おおまかな特徴はどんな量で表されるか？**
- ○ この宇宙に存在するすべての物質を構成している基本的な粒子．もちろん，人体も原子で構成されており，人体を理解するには化学の知識が必要．
- ○ 原子を構成している粒子：陽子，中性子，電子．
- ○ 原子のおおまかな性質を表しているもの：質量数（陽子の数 ＋ 中性子の数），原子番号（陽子の数）

② **電子は原子のなかでどんなところに存在するのか？**
- ○ 電子は原子のなかで不規則に存在しているわけではなく，規則にしたがって整然と存在している．
- ○ 電子殻：K殻，L殻，M殻，…
- ○ 具体的にいくつの電子がどの電子殻に存在するか（電子配置）を表にまとめたもの＝周期表

③ **周期表とはどういうもので，どんな特徴があるのか？**
- ○ 縦の並び（族）の元素は性質がよく似ている＝同族元素
- ○ 最外殻の電子の数：価電子の数が同じ

④ 酸化・還元とはどういうものか？

〇 酸化：物質が電子を失う（物質が電子を奪われる）→ 還元剤として作用

〇 還元：物質が電子を受け取る（物質が電子を与えられる）→ 酸化剤として作用

キーワード：原子番号，質量数，電子配置，電子殻，価電子，閉殻構造，酸化，還元

1　からだをつくる物質

1-1　物質世界の階層構造

　私たちのからだも，身のまわりのものと同様に"原子"からできている．しかし，"原子"が集まればすぐにからだができるわけではない．からだと"原子"の間にはいくつかの段階があり，その段階を整理することで，からだと"原子"のつながりがみえてくる．

　からだは何でできているのか？ からだのなかのまとまりを，役割ごとに考えてみよう．たとえば，食べたものはどうなるのか？ 口から入って，食道を通って胃にやってきた食物は，小腸・大腸を通って体外に排出される．つまり，この「食道」や「胃」，「小腸」，「大腸」といった臓器がまとまって一つの役割を果たしていることになる．このようなまとまりを"器官系"とよび，胃や小腸や大腸などは"消化器系"という．からだはこのような役割ごとの"器官系"からつくられていると考えると，そのいろいろなはたらきを理解しやすい．

　では次に"器官系"は何からできているのか？ 消化器系の例で考えると，それは「胃」や「小腸」である．これらは"器官"とよばれる（"臓器"とよぶほうがなじみがあるかもしれない）．「小腸」をさらに詳しくみると，内側にひだのある上皮組織や，蠕動運動を行う筋組織などからできている．このように"器官"は特有の構造やはたらきをもった"細胞"の集まりである"組織"からできている．

　さらにその"細胞"はタンパク質や脂質，あるいは DNA といった巨大な分子である"生体高分子"からできており，生体高分子は"原子"が合体することによりでき上がっている．これをまとめると図1のようになる．

　このような構造を階層構造とよぶ．これから本書を読み進めるときに，どの段階の話題なのかをしっかり意識しておくと理解しやすい．また，それぞれ一つ上の段階と一つ下の段階と関連づけながら考えることも重要である．

1-2　からだをつくる物質

　1-1では物質世界の成り立ちというアプローチで，からだがどのようにつくられているかを紹介したが，もっと日常よく聞く言葉から，人体が化学的

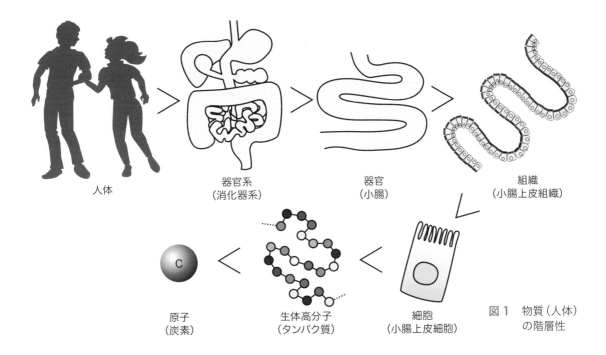

人体　　器官系（消化器系）　　器官（小腸）　　組織（小腸上皮組織）

原子（炭素）　　生体高分子（タンパク質）　　細胞（小腸上皮細胞）

図1　物質（人体）の階層性

な存在であることを確認しておこう．

　たとえば，ふだんから私たちが食べている食品，さらにそれを化学的な物質としてとらえた栄養素という観点から考えてみよう．栄養素にはいろいろなものがあるが，最も重要なものとして三つの物質をあげることができる（**表1**）．いわゆる三大栄養素とよばれるタンパク質，炭水化物（糖質），脂質である．それぞれ簡単な役割を紹介しておくと，タンパク質は私たちのからだをつくり，炭水化物と脂質はエネルギー源になっている．

表1　おもな栄養素と食品

栄養素	食品
タンパク質	肉，魚，豆，卵など
炭水化物（糖質）	ごはん，パン，いもなど
脂　質	バター，油など

　では，タンパク質とは具体的にどのような物質で，どのように私たちのからだとなるのだろうか？　タンパク質は**表1**のように肉や魚に多く含まれており，たいへん特徴的な構造をしている．タンパク質は，**図2**のようにアミノ酸というパーツが1列に連結することによってでき上がっている．人体を構成しているアミノ酸は20種類あり，これらがいろいろなパターンで連結しているのである．しかも，一つのタンパク質に含まれるアミノ酸の数は，天然のタンパク質であれば約50〜1500個であり，連結のパターンと

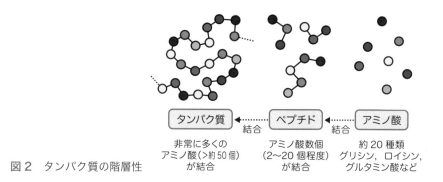

タンパク質	←‥‥ 結合 ‥‥	ペプチド	←‥‥ 結合 ‥‥	アミノ酸

非常に多くの　　アミノ酸数個　　約20種類
アミノ酸（>約50個）（2〜20個程度）　グリシン，ロイシン，
が結合　　　　　　が結合　　　　　グルタミン酸など

図2　タンパク質の階層性

アミノ酸の数を組み合わせることで多種多様なタンパク質が存在することがわかる．これは新幹線のような電車にたとえてみるとわかりやすいだろう．新幹線には先端の突きだしている先頭車両やグリーン車，車掌室のついている車両やパンタグラフのついている車両などいくつかの種類があり，これらをあるパターンでつなぎ合わせて一つの編成となっている．もし連結のパターンを変えたり，連結している車両の数を変えたりしてしまうと，違う編成になってしまう．つまり，車両をアミノ酸，編成をタンパク質とみればよいのである．

　アミノ酸は**図3**にあるように，それ自体10数個〜20数個の原子が合体した物質である．タンパク質はそれがさらに少なくとも50個以上も連結したものであるから，たいへん大きなものになる．このように巨大な物質であるタンパク質は，どんなに頑張ってもそのままのかたちでからだのなかに取り入れることはできない．からだのなかに取り入れるとは，物質を小腸の壁にある小さな穴を通過させて，すぐ内側にある毛細血管のなかに入れることであるが，タンパク質は大きすぎてこの小さな穴を通ることができない．そこで，タンパク質は胃や小腸で分解され，アミノ酸の状態にまでバラバラに

コラーゲンを食べたらキレイになれるか？

　最近，コラーゲンの入った食品や化粧品がたくさん販売されている．TVや雑誌でもよく見かける．しかし，その正体がタンパク質であることは案外知られていない．
　さてこのコラーゲン，「お肌によい」などと宣伝されているが，本当にそうなのだろうか．これはちょっと切り口の違う次の例を考えてみるとよくわかる．たとえば，牛肉は牛のからだそのものであるから，牛のタンパク質が大量に含まれている．私たちは牛肉を日常的に口にしているが，それを食べたからといって，私たちのからだの一部が牛になるわけではない．つまり，コラーゲンをたくさん食べても，消化器でアミノ酸にまで分解されてしまうので，そのコラーゲンがそのまま皮膚となり，美しいお肌になるわけではないのである．

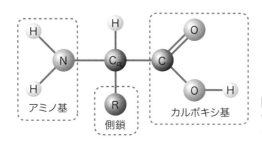

図3 アミノ酸
側鎖の部分が変わることでさまざまな性質をもつことができる.

される. これを消化とよぶ. そして, パーツの状態(＝アミノ酸)にしたものを吸収し, からだの細部まで血流で輸送し, そこで再び組み上げている. からだの各部分では, DNA（デオキシリボ核酸）という物質に書き込まれている生命の設計図である遺伝子にもとづいて, アミノ酸の組み上げが行われる. たとえば, 頭皮で髪の毛をつくるときには, ケラチンというタンパク質がつくられる. また, からだの表面で皮膚をつくるときにはコラーゲンというタンパク質がつくられるのである.

　このようにからだは物質ででき上がっており, その物質を切ったり, つなげたりしながら私たちは生きている. この切ったり, つなげたりという現象はまさに化学反応であり, それを理解しなければ私たちは人体を理解したとはいえず, 根拠をもった医療を行うことはできない. その化学反応や物質を理解するために, まずは原子という部分から詳しくみていこう.

2　原子の構造

2-1　原子をつくっているもの

　物質の最小の構成単位である原子は, ヘリウムを例にとると, **図4**のような構造をしている. 真ん中に**原子核**があり, そのまわりを**電子**が回っている. 原子核はさらに**陽子**と**中性子**からできている. 物質の最小単位である原子も, さらに小さい素粒子からできているのである(大きさは**図5**を参照).

　電子はマイナスの電気を帯びており, 陽子はプラスの電気を帯びている. そして, 中性子はどちらの電気も帯びておらず, 文字どおり"中性"である.

ヘリウム
身近な例としてパーティー用のものがあり, 口から吸い込み, 声を甲高くして楽しむ. いわゆる化学物質を大量に体内に入れることになるが, ヘリウムはまったく毒性がない. ヘリウムにはほとんど反応性がないからで, この性質は電子配置に由来している.

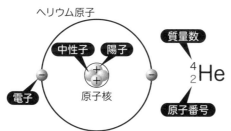

図4　原子の表し方
原子の正式な書き方は, 左上に質量数, 左下に原子番号を表記する.

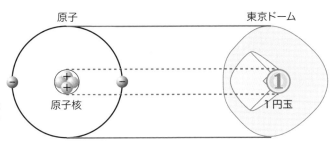

図5　原子の大きさのたとえ
原子を東京ドームの大きさまで拡大したなら，原子核の大きさは1円玉くらいの大きさになる．

原子はこのように部分的にみると電気を帯びているが，全体としては中性である．つまり，プラスの電気とマイナスの電気がつり合っており，互いを打ち消し合っているのである．

また，プラスの電気とマイナスの電気は互いに引きつけ合う性質をもっている．そのため，電子は原子から飛びだすことなく，原子核のまわりを回っているのである．

2-2　それぞれの原子を特徴づけるもの

陽子と電子のもっている電気の量はそれぞれ同じで，通常の原子では陽子の数と電子の数は同じである．この陽子（＝電子）の数はそれぞれの物質によって異なっているため，陽子(＝電子)の数により物質を見分けることができる．この数を**原子番号**とよぶ．原子番号は，たとえるならば，野球選手の背番号のようなものである．

さらに，それぞれの物質によって異なり，物質固有の物理量となっているのが質量である．原子は陽子，中性子，電子という"パーツ"からでき上がっているわけだから，物質の質量はこれら"パーツ"の質量を足し合わせばよい．陽子と中性子の質量は同じであり，これを1とすると，電子の質量はおよその1/1840くらいしかなく，陽子や中性子に比べると，無視できるくらい小さい．したがって原子の質量は，陽子の質量と中性子の質量を足しあわせたものとすることができる．陽子＝中性子1個の質量を1としたとき，原子の質量は次の式のように書き表すことができ，これを**質量数**とよぶ．

$$原子の質量 ＝ 陽子の個数 ＋ 中性子の個数 ＝ 質量数$$

以上のように，それぞれの原子を特徴づける最も本質的な物理量は，電子の個数である原子番号と，陽子＋中性子の個数である質量数である．

質量とは？
"重さ"と同じだと，勘違いしている人が多いが，まったく違うもので，たまたま地球上では同じ数値になるだけである．質量を直観的にとらえるなら，物"質"の"量"のことだと考えればよいだろう．

質量の表し方
質量は通常はkgという単位を使って表される．よって，陽子の質量をkgを使って表すと，1.67×10^{-27} kgとなる．これをそのまま用いることはあまり得策とはいえない．そこで陽子の質量を1と定義してしまえば，このあとミクロの世界をみていくうえではたいへん便利になる．そのような観点から単位のない物理量として"質量数"が用いられるのである．

問 題 次の原子の陽子, 中性子, 電子の数を答えよ.

$^{1}_{1}\text{H}$	陽子: 中性子: 電子:	$^{237}_{92}\text{U}$	陽子: 中性子: 電子:
$^{14}_{6}\text{C}$	陽子: 中性子: 電子:	$^{35}_{17}\text{Cl}$	陽子: 中性子: 電子:

3 電子配置

3-1 周期表

いろいろな元素について, 似た性質のものが縦に並ぶように表にまとめたものが**周期表**である. この表はもともと 1869 年にロシアのメンデレーエフによって考案されたもので, 元素を 1 列に並べていくと, ある順番ごとに似たような性質のものが現れることから考えだされた. この性質が現れる理由は, あとになって原子のなかでの電子の分布に原因があることがわかった. 電子の分布は電子配置とよばれ, 厳密なルールにしたがっている. つまり, 電子は原子のなかで自由気ままに, 好きなところに存在するわけではなく, 存在できるところが決められている. まるでコンサートホールの座席のように, ステージ(原子核)に近いところから遠いところまで, 決まった数の座席が存在していて, 観客(電子)はその座席に座らなければならないのである. そして, この座席以外のところに座ることは決して許されない(**図6**).

ドミトリ・メンデレーエフ
(1834 ～ 1907 年)
ロシアの科学者. 元素の名前を書き込んだカードを何度も並べ替えることを繰り返しているうちに周期表のアイデアを得る. メンデレーエフが認められるようになったのは, 当時未発見の元素であったガリウムやゲルマニウムの存在を, この周期表を用いて予言したことにある.

周期表の特徴
縦の並びを族, 横の並びを周期という. 周期表は縦に似た性質のものが並ぶので, 族が同じなら似た性質を示す. たとえば, 1 族はたいへん反応性に富んでおり, とくに H 以外をまとめてアルカリ金属とよぶ. 17 族も同様にたいへん反応性に富んでおり, ハロゲンともよばれる. また 18 族はほとんど反応せず, 非常に安定しており, 貴ガス(希ガス)とよばれる.

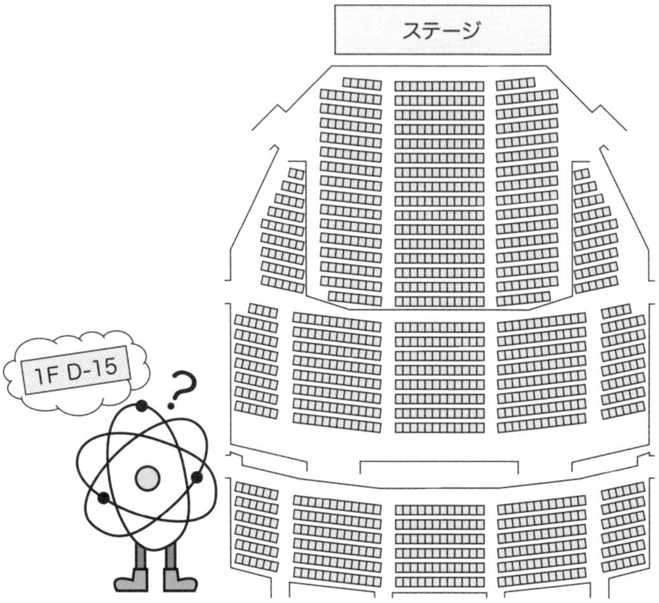

図6 電子の席は決まっている

　周期表は，いわばコンサートホールにどれくらいの数の観客が，どのように座っているのかを反映したもので，座席の数や配置，観客の座り方のルールを知っていれば，周期表のなかでの元素の位置をみただけで，その元素がどんな性質をもっているのかを知ることができる．それは物質の性質が，観客の数や座り方，すなわち電子配置に直結しているからなのである．

3-2　電子が存在するところ

マトリョーシカ

　実際に電子が存在しているところは**電子殻**とよばれる．これは原子核を中心にした球殻(ボールの表面のようなもの)で，原子はこの電子殻が何層にも重なった同心球となっている．形は球ではないが，何層にも重なっているという意味で，ロシアの民芸品のマトリョーシカをイメージするとよいだろう．この電子殻は内側からK殻，L殻，M殻という順に，Kからはじまるアルファベットの名前がつけられている(**図7**)．

　そして，さらに詳しくみると，複数の**電子軌道**が集まって一つの電子殻を形成していることがわかる．しかし，できるだけ単純に原子の姿をイメージしようとするならば，細かな話である電子軌道は考えず，電子は電子殻の上に決められた数だけ存在し，原子核のまわりを回っていると考えればよい．本書でもこの章以外のところでは，説明は電子殻のレベルまでにとどめる．

　では，電子殻や電子軌道とはいったい何なのだろうか，どうやってその場所が決まっているのだろうか？　電子殻や電子軌道とは，電子が存在することができる場所である．また，電子は原子核のまわりを回っているが，原子核からどれくらい離れたところを回るのかは，電子のもっているエネルギーの量で決まってくる．つまり，電子がもつことができるエネルギーはいくら

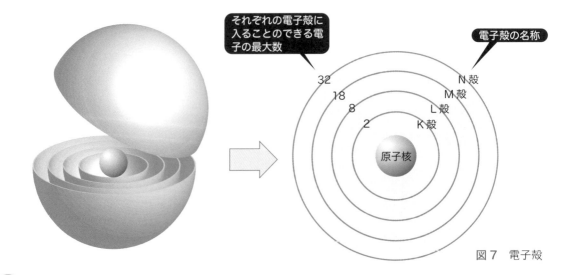

図7　電子殻

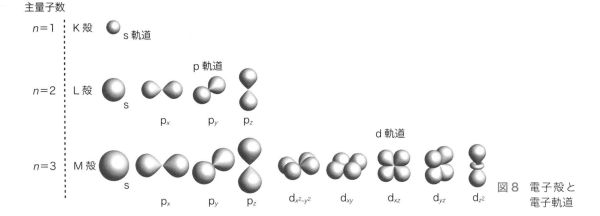

図8 電子殻と 電子軌道

でもよいわけではなく，飛び飛びの決まったエネルギーしかもつことができ ない．このような条件のもとにある電子の状態は，シュレーディンガーの波 動方程式からでてくる四つの量子数とよばれる数字で決められる．いいかえ ると，電子の存在する場所，すなわち電子軌道は，四つの数字の組合せで決 まっているのである．コンサートホールでも，"1階D列15番"のようにい くつかの数字や文字の組合せで座席が指定されているのと同じことである．

　組み合わされる四つの数字(量子数)とは次のものである．

① 主量子数：電子のおおよそのエネルギーを表している．すなわち，電 子殻を示す．

② 方位量子数：電子の細かなエネルギーを表している．すなわち，電子 軌道を示す．

③ 磁気量子数：電子軌道の種類を表している．すなわち，電子軌道の方 向性を示す．

④ スピン量子数：電子の自転の向きを表している．

これらをまとめて電子軌道のモデルをイメージ化し，電子殻との関係を示し たものが図8である．一つの電子軌道にはスピンの方向が逆になる2個の 電子しか入れないので，それぞれの電子殻，電子軌道にいくつの電子が入れ るのかを表にまとめると表2のようになる．

4　電子配置の規則

　次は電子が座ることができる"座席"にどのように着席していくか，つまり， 電子殻や電子軌道への電子の入り方について紹介する．大原則として，こ の"座席"の埋め方はコンサートの発券方法と同じで，ステージに近いところ

表２　電子殻，電子軌道に収容できる電子の数

電子殻	電子軌道	最大収容電子数	
		各軌道別	電子殻の合計
K	1s	2	2
L	2s	2	8
	2p	6（2個×3本）	
M	3s	2	18
	3p	6（2個×3本）	
	3d	10（2個×5本）	

電子軌道の前の数字は主量子数を表す．

（＝原子核に近いところ）から順に埋めていくことになっている．

　電子軌道が原子核に近い内側ほど，電子がもっていなければならないエネルギーは小さく安定である．電子がもっていなければならないエネルギーとは，電子のもっているエネルギー状態のことであり，**エネルギー準位**とよばれる．電子はエネルギー準位が低い軌道から順に入っていく．このエネルギー準位を低いところから順に並べると**図9**のようになる．この図の下から順に埋まっていくのである．

　電子の入り方は単純には内側の電子殻から，同じ電子殻ではs軌道からと考えておけばよい．つまり，1s→2s→2p→3s→3pといった具合である．しかし，注意しなければならないのが，N殻にある4s軌道のように，その内側のM殻の3d軌道よりもエネルギー準位が低くなっていて，逆転が起きているところがあることである．この結果，3p軌道が埋まった次は4s軌道に電子が入り，そのあとに3d軌道に電子が入ることになる．このような電子殻を飛び越えての逆転現象により，周期表の真ん中あたりにある遷移元素の性質が決まってくるが，本書では遷移元素は扱わないことにし，詳しくは化学の専門書へ譲る．

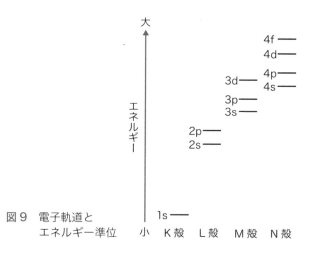

図9　電子軌道とエネルギー準位

5　原子の安定性と価電子

　電子配置は元素の化学的な安定性と関係している．とくに，元素を取り巻く電子殻のなかでも，最も外側の電子殻の電子配置（最外殻の電子を**価電子**という）が元素の安定性や性質を決めている．そして，大原則として，この最も外側の電子殻にある電子が，その殻が収容できる最大値（いわば定員）に一致するときが最も安定する．すなわち，用意されている座席に対して，空席がなく，すべてが埋まっている状態が最も安定するのである．このような電子配置をとくに**閉殻構造**という．

　具体的な例をあげて電子配置をみていこう（**図10**）．原子番号11のNaを考える．11個の電子はどのように配置されているのだろうか．1-4項でも紹介したとおり，電子は内側の電子殻から入っていく．最も内側はK殻である．K殻には1s軌道だけがあるので，まずはここに入る．各軌道には電子は2個しか入らないので，K殻は2個で定員いっぱいになる．次にその外側のL殻に移る．L殻には2s軌道と2p軌道がある．2s軌道には電子が2個入り，次に2p軌道に入る．2p軌道は三つあり，それぞれに2個ずつ入るので，合わせると6個入る．ここまででK殻2個＋L殻8個で10個となる．そして，最後の1個はM殻に入る．このNaの電子配置をよくみると，L殻までは定員いっぱいになっていて閉殻構造となっており，M殻の1個だけがはみでているかたちになっている．このM殻の1個が価電子で，Naの性質，とくに反応性に大きな影響を及ぼしている．前述のように電子配置が閉殻になるのが最も安定であり，Naは1個の価電子を何とかすれば閉殻になれる．1個の電子をなんらかのかたちで放出することは，それほど難しいことではない．そのため，Naはたいへん反応性に富む性質をもっているのである．

　もう一つ例をあげよう．原子番号9のFを考える．Naと同様に内側から埋めていくと，K殻2個＋L殻7個で9個となる．つまり，L殻にあと1個電子があると閉殻構造になる．やはり7個ある価電子が反応性に大きな影響を及ぼしているのである．あと1個電子をなんらかのかたちで取り込むことも，それほど難しいことではないので，Fも非常に反応性に富むという性質をもっている．

　このように，いろいろな元素の反応性や安定性は価電子の数で決まっているが，**図10**に示すように，Naだけでなく，1族の元素はどれも価電子が1個である．同様に17族の元素はどれもFのように価電子が7個である．つまり，1族の元素はどれも同じように反応性に富むという性質があり，17族の元素もどれも同じように反応性に富むという性質がある．

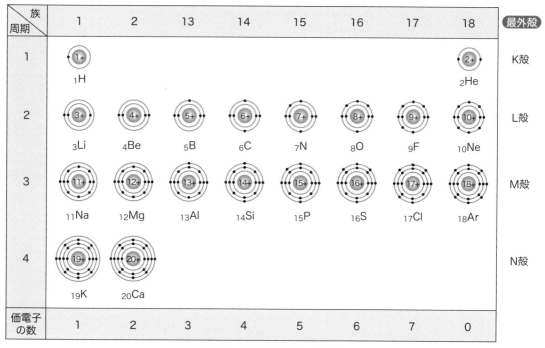

図10 価電子の数と安定性

　そして，周期表の右端にある18族の元素は，もともと閉殻構造の電子配置となっているため，たいへん安定しており，ほかの元素とはほとんど反応しない(18族においては，最外殻は定員いっぱいの電子が存在しているが，価電子の数は0個とする)．

　したがって，元素は周期表の縦に，グループとしてとらえると特徴がつかみやすかったり，いろいろな現象の理由を説明したりすることができる．このように縦に(族で)グループ化した元素を**同族元素**という．

問 題

(1) 次の原子の最外殻電子の数と価電子の数をそれぞれ答えよ．
　　① C　　② Na　　③ Mg　　④ Ne　　⑤ Cl
(2) 次の原子の電子配置を描け．
　　① C　　② Na　　③ Mg　　④ Ne　　⑤ Cl

解答

(1)

	① C	② Na	③ Mg	④ Ne	⑤ Cl
最外殻電子	4	1	2	8	7
価電子	4	1	2	0	7

(2)

6 　化学反応の事例 —— 酸化・還元

　電子配置が関与しているものとして，物質の変化，すなわち化学反応についてもみておこう．そもそも電子配置は物質の化学的な性質すべてを支配しているといっても過言ではないので，化学反応も電子配置によって決まる．ここでは例として，**酸化還元反応**について紹介する．

　酸化というと文字どおり「酸素と結合すること」というイメージが強く，還元とはその逆で「酸素と切り離されること」という感覚ではないだろうか．たしかに身近なところで誰もが頭に浮かぶような反応，たとえば，鉄がさびるだとか，ワインが酸化するといった現象は酸素との結合である．しかし，これは電子が発見される前の定義であり，現在はもっと拡張された定義が使われている．

強い酸化剤は強力な殺菌剤

　2020 年，新型コロナウイルス感染症（COVID-19）が世界的大流行となり，このウイルスから身を守るためのマスクや防護服，消毒薬や殺菌剤が品薄になったり，店頭から消えたりした．急遽それらの代替品として，いろいろなものが使われたが，アルコール消毒薬の代わりに台所用漂白剤が使用された．なぜ台所用漂白剤が消毒・殺菌剤として使用されたのだろうか？

　台所用漂白剤の主成分は次亜塩素酸ナトリウム（$NaClO$）で，これは強力な酸化剤である．$NaClO$ は塩素（Cl_2）を水に溶かしてつくった次亜塩素酸（$HClO$）を水酸化ナトリウム（$NaOH$）で中和してつくられる．

　酸化剤とは反応の相手の物質を酸化するものだった．つまり，反応の相手の電子を奪う物質である．電子を奪われた物質は化学反応を起こしやすくなり，ほかの物質に変化してしまうことが多い．細胞レベルでも同じことが起こり，本来の機能が果たせなくなったり，死んだりしてしまう．細胞の数が多い生物であればこの影響は大きくないが，構成する細胞数が少ない細菌や，ましてやウイルスでは個体の死に直結するものであり，消毒・殺菌の効果があるということになるわけである．

酸化・還元の本質は電子のやり取りであり，物質が電子を失う（電子を奪われる）変化を**酸化**といい，物質が電子を受け取る（電子を与えられる）変化を**還元**という．酸素や水素による定義も含めて**表3**にまとめる．

表3　酸化および還元の定義

	電子	酸素	水素
酸化	物質が電子を失う （物質が電子を奪われる）	物質が酸素を受け取る	物質が水素を失う
還元	物質が電子を受け取る （物質が電子を与えられる）	物質が酸素を失う	物質が水素を受け取る

具体的な物質の変化をみながら考えてみよう．次の例はマグネシウムに酸素が結合するとてもわかりやすい酸化である．この例で，電子の移動を追いかけよう．

$$2\,\mathrm{Mg} + \mathrm{O_2} \longrightarrow 2\,\mathrm{MgO}$$

化学反応の詳しいしくみは4章で紹介するが，端的にいうと反応後，それぞれの元素が閉殻になることがポイントである．その原則に沿ってみてみると，マグネシウムは2族で価電子が2，酸素は16族で価電子が6なので，この反応によりマグネシウムから酸素へ電子が2個移動したとみることができる．つまり，マグネシウムは電子を失い酸化され，酸素は電子を受け取り還元されたのである(図11)．

酸化される(電子を失う)＝還元剤

$$2\,\underset{2}{\mathrm{Mg}} + \underset{6}{\mathrm{O_2}} \longrightarrow 2\,\mathrm{MgO}$$

価電子

還元される(電子を受け取る)＝酸化剤

図11　マグネシウムMgと酸素$\mathrm{O_2}$の反応

そして，反応の相手を酸化する物質を**酸化剤**，還元する物質を**還元剤**という．図11の場合は，マグネシウムが還元剤，酸素が酸化剤ということになる．

このように周期表，つまり電子配置を考えることにより，化学反応もより理解しやすくなるのである．

本章のまとめ

　原子は電子と陽子・中性子からなる原子核からできている．また，その原子を特徴づけるものとして原子番号と質量数がある．

　原子を原子番号順に横に並べたものが周期表であるが，この表をみると元素の性質を決めている電子配置がすぐにわかる．電子は原子のなかで自由気ままに存在できるわけではなく，電子殻や電子軌道にしか存在することができない．電子は最も原子核に近いK殻から順に埋まっていき，各殻が定員いっぱいの状態である閉殻構造になったときが最も安定である．元素の反応性などは，その元素の電子配置が閉殻と比べてどうなっているかによって決まっており，周期表の同族元素なら似たような性質を示す．また，化学反応についても同様のことがいえ，たとえば，酸化や還元といった反応を考えることができる．

 まとめのワーク

1. 原子の構造についてイラストを使ってまとめよ．
2. 原子のなかで電子がどのようなところに存在しているのかをまとめよ．
3. 周期表の特徴をまとめよ．
4. 酸化・還元について説明せよ．

2章

「もの」の量はどう表す？
―原子量と分子量―

本章のねらい

　「化学は苦手」「化学が嫌い」という理由には二つあるようです．一つは1章で登場した元素記号が覚えられないというもの．もう一つは計算です．化学は反応や変化を扱いますから，それぞれの物質がどれくらいあるかがたいへん重要です．この物質の量を考えるには，初歩的なところからどうしても計算がでてきてしまい．そこで早々に脱落してしまう人が多いのです．

　しかし，元素記号も物質の量の計算も，慣れてしまえば大したことはありません．名前を聞いただけでアレルギー反応を示してしまう「モル」も，実はたいへん便利な考え方なのです．

　かくいう私（著者）も学生時代は計算は苦手で嫌いでした．いまから思えば，化学の分野で使ういろいろな種類の量の表し方が，うまく整理できていなかっただけなのです．この章では物質の量の表し方を整理しながら，物質を量的にとらえていく方法をまとめていきます．

理解するポイント
　　次の項目を頭におきながら本文を読もう．学び終わったあとにこれらの質問に答えられるようになるのが目標だ！

① **物質の量はどうやって表すのか？**

○ 相対質量：「質量数12の炭素原子 ^{12}C　1個の質量を12とする」．これを基準にほかの原子の質量を表したもの．

○ 原子量：元素の多くはいくつかの同位体からつくられている．同位体によって相対質量は異なる．同位体の割合（存在比）を考慮して求めた元素の質量 ＝ 原子量．

○ 分子量・式量：分子式やイオン式にしたがって，原子量を足し合わせたもの．

○ 物質量：ミクロの世界と身のまわりの世界（マクロの世界）をつなぐもの：(i) アボガドロ数（6.02×10^{23}）個の原子や分子の集まり ＝ 1モル(mol)，(ii) あらゆる物質で1モルの質量（モル質量）は原子量・分子量・式量に"g"をつけたものになる．

② **濃度とはどういうものか？　どうやって表すのか？**

○ 濃度 ＝ 溶液の中に溶けている物質の量

○ パーセント濃度（%）：注目している物質の量が全体に対してどれくらいあるのか．（注目している物質）/（全体）×100

○ モル濃度(mol/L)：注目している物質が溶液1Lに対してどれだけの量(mol)溶けているのか．（注目している物質の量）/（溶液の量）

○ 電解質濃度(Eq/L)：注目している電解質(イオンの量)が溶液 1 L に対してどれだけの量(Eq)溶けているのか．(注目しているイオンの量) / (溶液の量)

キーワード：原子量，分子量，モル，パーセント濃度，モル濃度，電解質濃度

1　物質の量はどう表せばよいか？

1-1　原子の量を表す単位？

物質がどれくらいあるのかを表す方法にはいろいろな種類がある．重さや容積もその一つである．また単位は，地域や用途，歴史的経緯によりいろいろなものが使われてきた．では原子のようなミクロな世界で物質の量を表すにはどのような方法がよいだろうか？温度や圧力，あるいは重力といったまわりの環境や条件によって変化しないものがよい．それは物質そのものがもっている固有の量であり，宇宙空間のどこにいっても決して変わることのない kg（キログラム）という単位で表される“質量”を使うのが最も都合がよいだろう．

1-2　原子の量を表してみよう！

いまさらいうまでもないが，原子はとても小さい．これを kg を使って表すと，1 個の原子の質量は約 $10^{-27} \sim 10^{-24}$ kg となる．–27 乗とは，小数点以下 26 桁目まで 0 が続き，27 桁目にはじめてなんらかの数字がでてくるものである．これはどう考えても使いづらい．そこで，ある原子を代表として選び，その原子の質量を基準にほかの原子がその代表の原子に対してどれくらい質量が多いか少ないかで表す方法が採用されている．ここで使われている質量は，一般的な質量と区別しておく必要があるので，**相対質量**とよばれる．

実は，その代表となる原子には，歴史的な経緯のなかでいろいろなものが選ばれてきた．必然的な理由はなかったのであるが，最終的には質量数が 12 の炭素（^{12}C）の質量を 12 とし，これを基準とすることに決まったのである．したがって，原子の相対質量は炭素（^{12}C）の質量に対する比になるので単位はない．

^{12}C は陽子 6 個，中性子 6 個，電子 6 個からできていて，質量数は 12 （☞ 1 章参照）だから相対質量も 12 とした．これで質量数と相対質量と原子量がつながることになる(図 1)．

この相対質量を使って原子や分子やイオンの量を表し，それぞれ原子量や分子量，式量とよぶ．

単位のいろいろ
たとえば容積の単位として，用途に応じて m³，リットルやガロン，斗，合などが使われる．

質量と重さ
kg は日常的には重さの単位と認識されているが，本来は質量の単位であり，質量と重さはまったく違うものである．重さはある質量の物体にかかる重力の大きさである．単位は kgw（キログラム重）を用いる．たとえば，質量 1 kg の物体にかかる重力の大きさが 1 kgw である．日常生活では，キログラム重の“重”が省略されて使われているため，誤解が生じている．

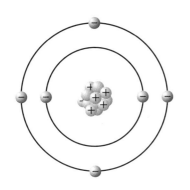

陽　子 ⊕ ……6 個
中性子 ◯ ……6 個
電　子 ⊖ ……6 個

「^{12}C の質量 = 12」と決めた ⇒ 基準

図1　^{12}C はなぜ 12 ？

1-3　原子と元素の違い

　図1をみながら1章の復習をしよう．原子はその中心にあって陽子と中性子からなる原子核と，そのまわりを回る電子からできていた．電子と陽子は電気を帯びていて，それぞれが同数あることにより，その電気を打ち消しあい，電気的中性を保っていた．だから，原子によって電子と陽子の数は決まっていた．では，中性子の数はどうだろうか？　これについてはいくつかのバリエーションをもっているものが存在している．つまり，同じ物質であっても中性子の数が異なるものがあるということである．このような関係にあるものを**同位体（アイソトープ）**といい，同位体の関係にあるものをすべて含んで**元素**という．表1にその例をあげる．

元素の和名
元素の日本語名の多くは，幕末の蘭学者である宇田川榕菴（1798 ～ 1846）が命名した．彼はただ単に単語を翻訳するのではなく，オランダ語での意味を解釈し，それに適切な漢字を当てはめるようにして，まさに"命名"していった．彼が命名した元素としては，水素，炭素，窒素，酸素，白金などがある．また，科学用語として，酸化，還元，溶解，分析，圧力，温度，物質といった言葉，さらに元素という言葉そのものも命名した．

表1　同位体（アイソトープ）

水素	^{1}H （陽子1個，中性子0個）
	^{2}H （陽子1個，中性子1個）
炭素	^{12}C （陽子6個，中性子6個）
	^{13}C （陽子6個，中性子7個）
	^{14}C （陽子6個，中性子8個）

2　物質の量の表し方あれこれ

2-1　原子量

　原子量は相対質量を使って表せばよい．しかし，自然界に存在している元素には，一定の割合で同位体が存在している．したがって，この同位体がどれくらいの数の割合で存在しているのか（存在比）を考慮して決めなくてはならない（そういう意味では原子量は"元素量"といったほうが適切である）．

　たとえば，塩素について考えてみよう．塩素の同位体とその存在比は次の**表2**のようになる．

表 2　塩素の同位体の存在比

同位体	相対質量	存在比(%)
^{35}Cl	34.969	75.77
^{37}Cl	36.966	24.23

これを計算すると次の式のようになる.

$$塩素の原子量 = {}^{35}\text{Cl の相対質量} \times 存在比 + {}^{37}\text{Cl の相対質量} \times 存在比$$
$$= 34.969 \times 75.77/100 + 36.966 \times 24.23/100$$
$$= 35.45$$

したがって，塩素の原子量は 35.45（単位はない）ということになる．このようにして決まった原子量が周期表に書き込まれているのである．そして，この原子量が分子量や式量の計算をするうえで最もベースになる数字になる.

2-2　分子量と式量

原子が合体してでき上がる分子の質量を表すのが**分子量**である．また，Na$^+$，OH$^-$ のようなイオンや，NaCl や Cu のような分子をもたない物質の質量を表すものを**式量**という．分子量と式量は物質の性質としてはまったく異なっているが，質量の表し方は同じである．つまり，原子がもととなってできあがっているので，質量の計算をするときには単純に原子量を足し合わせればよい．もちろんこれも単位はない（表 3）.

2-3　モ　ル

モルの定義
1 モルの定義は，歴史的に変遷しており，新たな発見にもとづいて変わってきた．そもそもは酸素を使った定義が使われてきたが，1960 年に炭素を使ったものとなり，1971 年には質量数 12 の炭素原子 12 g 中の原子の数（これがアボガドロ数）と同数の粒子を含む集団と定義された．これが 2019 年 5 月にさらに変更され，$6.02214076 \times 10^{23}$ 個（これが新しいアボガドロ数）の粒子を含む集団と定義された.

原子や分子 1 個の量を表すことはできるようになったが，実際の身のまわりにある物質は，数えきれないくらいの数の原子，分子でできている．そのため，原子や分子をあるまとまった数だけ集めて，これを一つと数えたほうが便利がよい．これが**物質量**（単位は**モル，mol**）の考え方である.

鉛筆ならば 12 本を 1 ダースと数えるが，1 モルは**アボガドロ数**個の原子や分子の集まりを指す．アボガドロ数とは 6.02×10^{23} であるため，原子や分子 6.02×10^{23} 個をまとめて 1 モルと数える．たとえば，質量数 12 の炭

表 3　分子量・式量の例

分子式	H$_2$	O$_2$	H$_2$O	CO$_2$	HCl
分子量	2.0	32	18	44	36.5
イオン式・組成式	OH$^-$	NH$_4^+$	NaOH	Cu	CaCO$_3$
式量*	17	18	40	63.5	100

＊電子の質量は原子核の質量と比べるときわめて小さいので，イオンの式量は原子量の総和と変わらないと考えてよい.

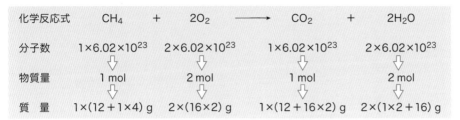

図2　原子量，アボガドロ数，モルの関係

素原子を1モル(6.02×10^{23}個)集めると，その質量は12gとなる．したがって，物質量(モル)を使うことによって，ミクロの世界と身のまわりの世界(マクロの世界)がつながるのである(図2)．

　さらに相対質量の基準であった質量数12の炭素原子が1モル（6.02×10^{23}個）で12gとなるので，たとえば，質量数35の塩素原子を1モル(6.02×10^{23}個)集めると35gになる．つまり，物質1モルを集めると，その物質の原子量・分子量・式量に"g"をつけた質量になり，これをとくに**モル質量**とよぶ．

3　溶液中にどれだけ物質が存在するのか？

3-1　溶液とは？

　私たちの身のまわりにある物質はいろいろな状態で存在している．たとえば，1種類だけの物質が固体の結晶となって存在していることがある（このようなものの多くは宝石として扱われる）．このような物質であれば，どれくらいの量があるのかを測ったり，示したりすることは容易である．しかし，水に溶け，水溶液のかたちで存在しているものも多数ある．とくに医療の世界では，薬剤は水に溶けた水溶液のかたちになっているものが多い．また，血液をはじめとした体液そのものが溶液である．

　よって，水溶液に物質がどれくらい溶けているのか，物質が溶液中にどれくらい存在するのかを表す必要がでてくる．その表し方が濃度である．濃度の表し方は何に注目するか，どのような量を使うかでいくつかの種類がある．

　まず，濃度の表し方の前に用語の整理をしておこう．**溶液**とは，溶媒に溶質が溶けているものである．つまり，**溶媒**とは溶かしているものであり，**溶質**とは溶けているもののことである．食塩水(溶液)を例に考えると，溶質が食塩であり，溶媒が水ということになる(図3)．

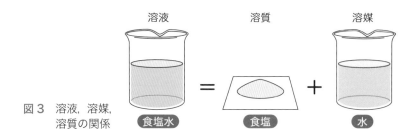

図3 溶液，溶媒，溶質の関係

3-2 いろいろな濃度の表し方

① パーセント濃度

パーセント(%)
10000円の商品の消費税(10%)は1000円とすぐわかるだろう．溶液の濃度もこれと同じである．わかりにくければ"お金"で考えてみると日常感覚で考えられる．

　溶液全体に対して，どれくらいの溶質が溶け込んでいるかを表す方法である．濃度というとわかりにくいかもしれないが，単なる割合である．つまり，全体（パーセントの場合は，これを100とする）に対して，注目している部分（ここでは溶けている溶質）がどれくらいあるのかを表す方法である．

　この方法には質量に注目した**質量パーセント濃度**と，体積に注目した**体積パーセント濃度**がある．

　・質量パーセント濃度

$$質量パーセント濃度[\%] = \frac{溶質の質量}{溶液の質量} \times 100$$

　・体積パーセント濃度

$$体積パーセント濃度[\%] = \frac{溶質の体積}{溶液の体積} \times 100$$

② モル濃度

　溶液1Lのなかに，溶質が何モル溶けているかを表した方法である．

$$モル濃度[mol/L] = \frac{溶質の物質量[mol]}{溶液の体積[L]}$$

③ 電解質濃度

　溶液1Lのなかに，溶質が何当量溶けているかを表した方法である．

　当量とはなかなかわかりづらく，厳密な定義を紹介すると話が複雑になるので，ここでは簡単にモルと比較して考えることにする．モルはアボガドロ数(6.02×10^{23})個の原子の集まりであったが，当量とはアボガドロ数(6.02×10^{23})個の電子の集まりと考えればよい．原子は1個，2個と数えることができた．しかし，電子の場合は原子に取り込まれたかたちで存在するため，1個，2個と数えることができない．そこでこの電子の数を電荷数や原子価で表すのである（原子価については5章2-2項参照）．つまり，Naのような原子価が1のものであれば，モル数に原子価をかければ当量が求まるわけである．

また，当量は英語で equivalent number という．そのため，Eq と表記されることが多い．

$$当量[Eq] = モル数 \times 原子価$$

したがって，電解質濃度は次のようになる．

$$電解質濃度[Eq/L] = \frac{溶質の当量[Eq]}{溶液の体積[L]}$$

電解質 (5 章 2-1 項参照) とは水に溶けてイオンに分かれる物質のことであり，人体のなかに存在する体液はすべて電解質溶液である．したがって，イオン性の物質は，体液中では陽イオンと陰イオンに分かれている．陽イオンと陰イオンがイオン結合をするときには，基本的には電荷数を合わせて合体する (☞詳しくは 3 章参照)．これを利用して，ある陽イオンが体液中に多すぎてからだが異常をきたしているとき，陰イオンを体内に注入して治療を行うことがある．そのようなときには当量を使えば，体内にどれくらい陰イオンを注入すればよいのかがわかりやすい．電解質濃度はこのような場合に使われている (表 4)．

電解質
図のように水に溶けて陽イオンと陰イオンに分かれる物質を電解質といい，イオンになることを電離するという．からだのなかでは微妙な機能調整にかかわっている．

【例】塩化ナトリウムを水に溶かしたとき

mEq (メック)
現実には体液中の電解質の濃度はそれほど高くなく，Eq/L では表しづらい．そこで医療の現場などでは Eq を 1/1000 倍の数にした mEq (ミリイクイバレント，通称メック) が利用されることが多い．

表 4　体液の電解質組成 (mEq/H₂O)

イオン	血漿	細胞内液
ナトリウム (Na^+)	147	14
カリウム (K^+)	5	157
カルシウム (Ca^{2+})	5	0.05 以下
マグネシウム (Mg^{2+})	3	26

具体的には，表 5 のように血液検査における各イオンの濃度の検査値が基準値の幅よりも高いとき，あるいは低いときは電解質異常になり，さまざまな症状となって表れる．

表 5　血液検査における各イオンの濃度の検査値

電解質		検査値[mEq/L]	症　状
Na^+	高ナトリウム血症	147 以上	倦怠感，けいれんなど
	低ナトリウム血症	137 以下	頭痛，嘔吐など
K^+	高カリウム血症	5.0 以上	筋力低下，筋脱力感など
	低カリウム血症	3.5 以下	筋力低下，筋萎縮など
Ca^{2+}	高カルシウム血症	10.4 以上	食欲不振，便秘など
	低カルシウム血症	8.4 以下	けいれん，四肢末端のしびれ感など

国際単位系(SI 単位系)
いろいろな量を測定するときに必要なものが単位である．単位のなかで国際的な取り決めで基準となっている単位系である．具体的には下記の七つの基本単位とそれらを組み合わせた組立単位からできている．

量	長さ	質量
記号	m	kg
読み方	メートル	キログラム
量	時間	電流
記号	s	A
読み方	秒	アンペア
量	熱力学温度	物質量
記号	K	mol
読み方	ケルビン	モル
量	光度	
記号	cd	
読み方	カンデラ	

単位の前につく接頭語
もともとの単位が表す量に比べて非常に大きな場合や小さな場合は単位の前に下記のような接頭語をつけて表すことがある．

記号	G	M	
読み方	ギガ	メガ	
意味	10^9	10^6	
記号	k	h	da
読み方	キロ	ヘクト	デカ
意味	10^3	10^2	10^1
記号	d	c	m
読み方	デシ	センチ	ミリ
意味	10^{-1}	10^{-2}	10^{-3}
記号	μ	n	
読み方	マイクロ	ナノ	
意味	10^{-6}	10^{-9}	

例) $1\,cm = 10^{-2}\,m$, $1\,mL = 10^{-3}\,L$, $1\,mEq = 10^{-3}\,Eq$

問題 次の問いに答えよ．

① 5 g の NaCl に 195 g の水を加えて溶かした溶液は何％か．

② 生理食塩水（濃度 0.9%）500 g 中に溶けている食塩(NaCl)は何 g か．

③ エタノール 140 mL と水 60 mL を混合し，消毒液を調製した．この溶液は何％溶液か．

④ 250 mL 中に NaOH が 4 g 溶けている．この溶液のモル濃度はいくらか．

⑤ あるグルコース水溶液 1 L 中には，グルコース（分子量 = 180）3.6 g が含まれている．この水溶液のモル濃度はいくらか．

⑥ 血液 100 mL 中に重炭酸イオン(HCO_3^-)が 3 モルあった．
　・重炭酸イオンの当量はいくらか．
　・血液 1 L あたりの重炭酸イオンの当量はいくらか．

略解

① 質量パーセント濃度の式に当てはめる．

$$\frac{5\,g}{5\,g + 195\,g} \times 100 = 2.5\%$$

② 求める食塩の量を $x\,g$ とおき，質量パーセント濃度の式に当てはめる．

$$\frac{x\,g}{500\,g} \times 100 = 0.9\% \quad x = 4.5\,g$$

③ 体積パーセント濃度の式に当てはめる．

$$\frac{140\,mL}{140\,mL + 60\,mL} \times 100 = 70\%$$

④ i) 物質が何モルあるかを求める．

　　ii) 1 L あたりに溶けている物質量を求める．

　　NaOH の分子量は 40 (Na = 23, O = 16, H = 1)

$$\frac{4\,g}{40\,g} = 0.1\,mol$$

$$\frac{0.1\,mol}{0.25\,L} = 0.4\,mol/L$$

⑤ ④と同様に考える．

$$\frac{3.6\,g}{180\,g} = 0.02\,mol$$

$$\frac{0.02\,mol}{1\,L} = 0.02\,mol/L$$

⑥ i) 物質が何当量あるかを求める．

　　ii) 1 L あたりの当量を求める．

・ HCO_3^- は 1 価

　　$1 価 \times 3\,mol = 3\,Eq$

・ $\dfrac{3\,Eq}{0.1\,L} = 30\,Eq/L$

3-3　看護師国家試験の濃度の問題

看護師国家試験に出題される計算の問題には次のようなものがある．

① 点滴の滴下数

② 薬液の濃度，注入速度，注射液の濃度，希釈液

③ 酸素ボンベの使用可能時間

ここでは濃度に関係するものとして，希釈液に関する問題を取り上げる．

例題　5％のクロルヘキシジングルコン酸塩を用いて 0.2％希釈液 2000 mL をつくるのに必要な薬液量を求めよ．ただし，小数点以下の数値が得られた場合には，小数点以下第 1 位を四捨五入すること．

(第 104 回午後問題 90)

解答　希釈とは水を加えて濃度を下げることであるが，加えるのは水だけで溶けている物質の量は前後で変わらない．したがって，次のような式が成り立つ．

　　　希釈する前の溶液の物質の量 ＝ 希釈したあとの溶液の物質の量

　物質の量は，濃度 × 溶液の量　なので，式は次のようになる．

原液の濃度(%) × 薬液量(mL) ＝ 希釈液の濃度(%) × 希釈した薬液量(mL)

よく理解しておこう　化学の基礎

●ヘマトクリット値は体積パーセント濃度，ヘモグロビン量は重量（質量）パーセント濃度●

貧血の診断指標となるヘマトクリット値やヘモグロビン量も濃度である．

ヘマトクリット値は，血液中に占める血球成分の体積（容積）の割合（体積パーセント濃度）であり，成人男性の正常値は 40 ～ 48％で，女性は 36 ～ 42％である．

ヘモグロビン量は血液中に含まれるヘモグロビンの重量の割合（質量パーセント濃度）であり，成人男性の正常値は 14 ～ 18g/dL，女性は 12 ～ 16g/dL である．

生体の検査データでは，血液中や尿中に含まれる濃度により，その正常，異常の判断を行うことが多い．

一般社団法人日本看護学校協議会会長　池西 静江

ここに与えられた数値を代入する.

$$\frac{5}{100} \times x = \frac{0.2}{100} \times 2000 \qquad \text{よって } x = 80\,\text{mL (答)}$$

本章のまとめ

　　質量数 12 の炭素の質量を 12 とし，これを基準としてほかの原子の質量を表したものを相対質量という．また，原子には同じ物質であるが，中性子の数が異なっている同位体(アイソトープ)が存在する．この同位体の存在比率も考慮して，元素の質量をだしたものが原子量である．また，分子やイオンの質量は分子量，式量とよばれ，原子量を化学式にしたがって足し合わせることで求められる．また，アボガドロ数個の原子や分子の集まりを 1 モルといい，1 モルの質量は原子量や分子量・式量に g をつけたものである．

　　物質が水溶液中にどれくらいの量があるのかを表したものが濃度である．濃度の表し方は目的によっていくつかが使い分けられており，パーセント，モル濃度，電解質濃度を知っておく必要がある．

 まとめのワーク

1. 原子量についてまとめよ．
2. 物質量についてまとめよ．
3. パーセント濃度とはどういうものか説明せよ．
4. モル濃度と電解質濃度とはどういうものか説明せよ．
5. 電解質が水に溶けたときの様子を説明せよ．

3 章

放射能はなぜからだに悪い？
―毒にも薬にもなる「放射線」のはなし―

本章のねらい

　「放射能」と聞くと，ふだんの生活では関係のないもの，目にみえず正体のよくわからないもの，そして，とても恐ろしいものという印象があるのではないでしょうか．東日本大震災以降はこのような傾向がさらに強くなっているように感じています．

　「放射能」は物理的な実体を考えると「放射線」というのが正しいのですが，確かに放射線は人体にとって有害で，一定以上の線量を浴びる（被曝する）と深刻な影響がでます．しかし，放射線は自然界にふつうに存在し，たいへん弱い線量ですが，私たちは日々被曝しています．また，放射線は生活にかかわるいろいろなところで利用されていて，とくに医療分野ではなくてはならないものとなっています．

　私（筆者）は社会全体に理解が不足しているように感じているのですが，この放射線に関して，正しく利用し，正しく恐れるために，基本から理解していきましょう．

 ### 理解するポイント

　次の項目を頭におきながら本文を読もう．学び終わったあとにこれらの質問に答えられるようになるのが目標だ！

① **放射性物質とはどういうもので、どうやって放射線をだすのか？**

　○ 放射性同位体が壊変現象によって放射線をだす：不安定な放射性元素が安定な元素に変わる現象．このときに放射線を放出する．変化するペースは元素により異なっている：半減期．

② **放射線とはどういうものか？**

　○ 高エネルギーの粒子や電磁波が飛びだしていくもの：α線：He の原子核，β線：電子，γ線：電磁波，中性子線：中性子．

③ **放射線はどうやって人体へ影響を与えるのか，それはどういうものか？**

　○ DNA を直接傷つける．

　○ 水分子を分解し，活性酸素を発生させる．→　活性酸素が DNA を傷つける．

　○ 確定的影響（急性障害）と確率的影響（がん）．

キーワード：放射性同位体，放射線，半減期，活性酸素，DNA 損傷

1　放射線とは？

1-1　"放射線"と"放射能"の違い

　新聞や TV のニュースをみていると，よく"放射能"という言葉がでてくる．「"放射能"が漏れる」だとか，「"放射能"で汚染される」といった表現を目にすることもある．しかし，少し考えてみるとこの表現はおかしいことがわかるだろう．**"放射能"**とは，能力を表す言葉であり，その能力とは放射線をだす能力のことである．つまり，粒子や電磁波の一種である「**放射線**」というものがあり，この"放射線"をだす能力を"放射能"という．そして，放射線をだす物質のことを **"放射性物質"** とよぶのである．これは**図1**のように電球と光にたとえるとわかりやすい．放射性物質を電球，放射線を光とすると，放射能は電球が光をだす能力となる．

図1　放射線・放射能・放射性物質とは

※ シーベルトは放射線影響に関係づけられる.

シーベルト
このような放射線の種類を考慮して，人体がどれくらい影響を受けるかをだしたものがシーベルト（Sv）である（**表1**）．一般の人の線量限界は1年間で1 mSvとされている．東京電力福島第一原発事故では，事故直後，原発敷地内で1時間あたり100 mSv を超える線量が観測されており，いかに深刻な事故だったかがうかがわれる．

　また，放射能や被曝の量に関する単位を**表1**にまとめた．よくでてくる単位としてシーベルト（Sv）があるが，これは放射線の種類などを考慮し，実際に人体が放射線からどれくらいの影響を受けるかを表したもので，放射性

表1　放射能・放射線の単位

放射能の単位	ベクレル（Bq） 放射性物質がどれくらい放射線をだすことができるかを表す
放射線の単位	グレイ（Gy） 放射線を受けた物質がどれくらい放射線を吸収するかを表す
人体が受ける 影響の単位	シーベルト（Sv） 放射線を受けた人体がどれくらい影響を受けるかを表す （放射線の種類，エネルギーの大きさ，身体の部位などを考慮して算出される）

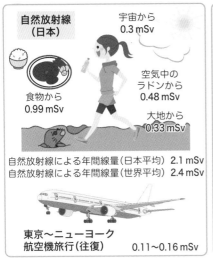
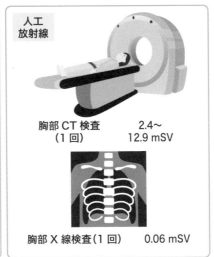

mSv：ミリシーベルト

図2　自然・人工放射線からの被曝線量
出典：国連科学委員会（UNSCEAR）2008年報告，原子力安全研究協会「新生活環境放射線（平成23年）」，ICRP103他．著者一部改変．

物質がどれくらいの放射能の強さをもっているかを表すベクレルとは異なっていることに注意してほしい．

1-2　自然界の放射線

　放射線は人工的なものだけでなく，もとから自然界に存在し，人体はごくわずかであるが，日々被曝している．おもな被曝量や放射線源は次の**図2**のようになる．そして，日本における年間の平均被曝線量は，2011年の（公財）原子力安全協会の発表によると，5.98 mSvであり，世界平均と比べると，医療被曝量がかなり多いことが特徴である．これは被曝線量が比較的高いCT検査の占める割合が高いことが原因である（**図3，4**）．

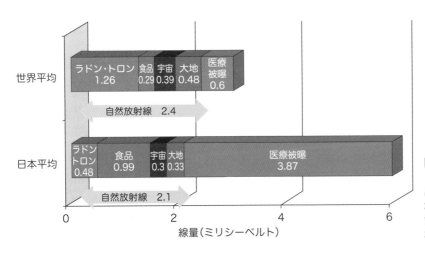

図3　年間あたりの被曝線量の比較
出典：国連科学委員会（UNSCEAR）2008年報告，（公財）原子力安全研究協会，「新生活環境放射線（平成23年）」，ICRP103他．

33

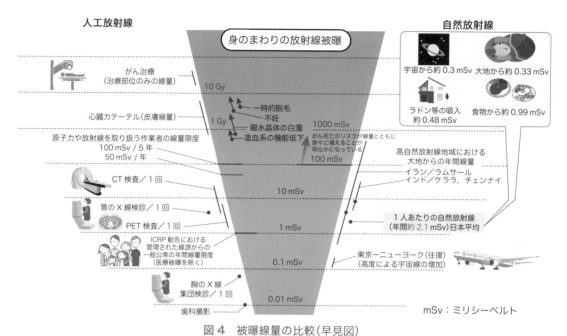

図4　被曝線量の比較(早見図)

出典：国連科学委員会 (UNSCEAR) 2008 年報告書，国際放射線防護委員会 (ICRP) 2007 年勧告，日本放射線技師会医療被ばくガイドライン，新版 生活環境放射線(国民線量の算定)等により，放射線医学総合研究所が作成(2013 年 5 月)．著者一部改変．

1-3　放射線の種類

　放射線にはいくつかの種類があるが（**図5**），ここでは次の 4 種類を取り上げる．

① **α（アルファ）線**：原子核から放出される粒子で，陽子 2 個，中性子 2 個が合体した 4 個の粒子からなるかたまりである．これはヘリウムの原子核と同じであり，α粒子とよばれることもある．

② **β（ベータ）線**：原子核から放出される電子である．β粒子とよばれることもある．

③ **γ（ガンマ）線，X（エックス）線**：原子核から放出される電磁波で，非

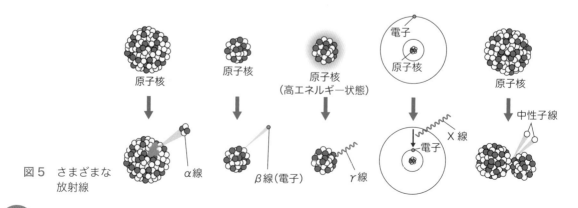

図5　さまざまな
放射線

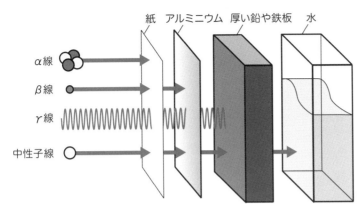

図6 放射線の種類と
透過力

常に高いエネルギーをもつ．また，γ線よりエネルギーが低いものに
X線がある．これも放射線の一種として扱われることが多い．

④ **中性子線**：原子核の分裂などで放出される中性子である．

　放射線は上記のように種類により正体が大きく異なっている．したがって，
それぞれの放射線の性質も大きく異なり，人体に与える影響も異なる．その
違いを端的に示しているのが，放射線の遮へいの仕方である．**図6**にある
ように，最も大きなサイズの粒子であるα線は，紙1枚で遮ることができる．
それに対して中性子線は，分厚いコンクリートや大量の水がなければ遮るこ
とができない．

1-4　放射性物質とは？

　1-3項のような放射線はどのような物質からでてくるのか，またどのよう
にしてでてくるのであろうか．いろいろな原因があるが，放射性同位体の壊
変現象についてみてみよう．

　まず原子の構造を思いだしてほしい（☞1章2-1項参照）．真ん中の原子
核に陽子と中性子があり，そのまわりを電子が回っていた．原子核にある中
性子の数はそれぞれの物質によって，いくつかのパターンがあり，それらの
パターンを同位体とよんでいた．

　同位体にはとても重要な性質がある．それはほとんどの同位体が不安定で
あり，安定なものに変化してしまうということである．たとえば，**表2**に
ある炭素14（^{14}C）は，一定の割合で^{14}Nに変化してしまう．^{14}Cは原子核に
陽子6個と中性子8個をもっていた．このうちの中性子1個が変化し，陽
子7個と中性子7個をもつ^{14}Nになってしまうのである．そして，この変
化のときにβ線とよばれる放射線をだすのである．このように放射線をだ
して別の安定な物質に変化する同位体を**放射性同位体（ラジオアイソトー**

電磁波
γ線，X線，紫外線（UV），可
視光線，赤外線（IR），電波の総
称であり，これらは波長の違い
により名前が変わる．また，波
長の違いはエネルギーの違いで
あり，下の図のような関係に
なっている．

電磁波の波長と
エネルギー

同位体

質量数1の水素（¹H）

質量数2の水素（²H）

質量数3の水素（³H）

放射性物質
放射性同位体は，放射性物質，あるいは放射性元素とよばれることもあるが，それは物質のどのような性質に注目しているかということである．同位体の関係でとらえているときには放射性同位体とよび，放射線をだすという性質でとらえているときは放射性物質，あるいは放射性元素とよぶことが多い．

表2　同位体

水素	¹H（陽子1個，中性子0個）
	²H（陽子1個，中性子1個）
炭素	¹²C（陽子6個，中性子6個）
	¹³C（陽子6個，中性子7個）
	¹⁴C（陽子6個，中性子8個）

プ，RI）とよび，この現象を**壊変現象**という．壊変現象には大きな特徴があり，まわりの環境や条件にかかわらず，一定の割合で変化が進む．つまり，地下深いところでも，海のなかでも，高い山の上でも関係なく，変化が進む．この変化を考えるうえで，もともとあった放射性の物質が，半分だけ安定な物質に変化する時間を考えると変化の割合をとらえやすい．そこで，このもとの量が半分になる期間を**半減期**とよび，放射性同位体の挙動を考えるうえで非常に重要な指標とした（図7）．

　放射性同位体の挙動は，砂時計にたとえて考えるとわかりやすい．砂時計は上に溜まっている砂が一定のペースで下に落下し，時間を測ることができる装置である．砂の落下は夏でも冬でも，昼でも夜でも関係なく，まわりの環境に左右されることなく一定のペースで進む（厳密には湿度などで多少の変化は生じるだろうが，いまは気にしなくてもよい）．放射性同位体もまわりの環境にかかわらず一定のペースで変化するわけであるから，落下する砂時計の砂とまったく同じととらえることができる．つまり，砂時計の上の部分に溜まっている砂を放射性同位体，下に落ちた砂を安定な物質だとすると，上に溜まっている砂の量が半分になるのにかかる時間が半減期ということになる．この砂時計モデルを使うと，放射性同位体の減り方を感覚的につかむことができる（図8）．

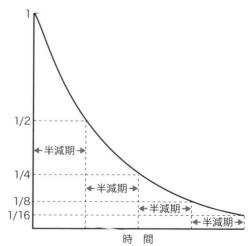

図7　半減期

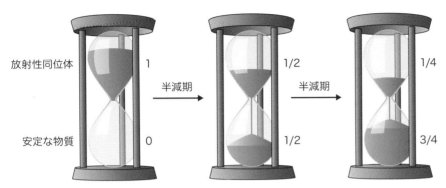

放射性同位体　1　　　　1/2　　　　1/4

半減期　　　　半減期

安定な物質　0　　　　1/2　　　　3/4

図 8　砂時計モデル

　たとえば，表 3 のように放射性同位体であるヨウ素 131 は半減期が 8 日である．つまり，8 日経過すると最初にどれだけあったかにはかかわりなく，半分になってしまうのである．もし最初に 1 g あったとすると 0.5 g になり，100 t あったとすると 50 t になる．さらに 8 日経過するとどうなるだろうか．もとあった量が半分になるわけであるから，0.5 g は 0.25 g となり，50 t は 25 t になる．決して 0.5 g が 0 に，あるいは 50 t が 0 になるわけではない．これをはじめの量である 1 g や 100 t と比較すると，ちょうど 1/4 になっていることになる．半減期が二つ分の時間が経過したわけであるから，半分の半分ということで 1/4 となる．では，160 日(約半年弱)経過したとき，ヨウ素 131 の量はどうなっているだろうか．160 日は半減期の数としては，20 回分(160 ÷ 8 = 20)に相当する．

表 3　いろいろな半減期

放射性同位体(放射性物質)	放出される放射線	半減期
ウラン 238	α，β，γ	45 億年
炭素 14	β	5730 年
セシウム 137	β，γ	30 年
コバルト 60	β，γ	5.3 年
セシウム 134	β，γ	2.1 年
ヨウ素 131	β，γ	8 日

　したがって，ヨウ素 131 の量は次のような計算になる．

$$(1/2)^{20} = 1/1048576$$

　この値は約 100 万分の 1 であり，もとあった放射性同位体は非常にわずかな量になってしまうということである．さらにこれが 1 年となると，ヨウ素 131 の量は約 100 兆分の 1 となり，もとあった量が莫大であったとしても，ほとんど存在しないことになる．

核分裂と核融合

ウランのような重い原子核は，何らかのきっかけがあると，決まった比率で分裂する．これを核分裂という．また，水素のような軽い原子核は，特殊な条件下でぶつかることによって合体する．これを核融合という．核分裂も核融合も，現象が起こるときにエネルギーを発生し，このエネルギーが発電や武器として利用される．

この放射性同位体の壊変現象，あるいは原子力発電所で起きている核分裂，太陽で起きている核融合といった現象は，ふだん私たちが目にしている物質の変化，すなわち化学変化とはまったく異なる．化学変化は，本書のあとの章でも詳しく紹介するように，ミクロの視点でみると原子核のまわりを回っている電子が主役となり，その移動やどの原子が所有しているのかということがポイントになってくる．したがって，原子核自体はまったく変化は起きない．しかし，ここであげた現象は，原子核が割れたり，合体したり，原子核をつくっている中性子が変化したりと，原子核自体が変化するものであり，化学変化と混同しないようにしなければならない．

被　曝

人が多量の放射線を一気に浴びてしまうという事故が過去いくつも起きている．そのなかで，1999 年茨城県東海村にある JCO で起きた臨界事故では，国内ではじめて死亡者がでている．このとき被曝者の治療にあたった東大病院での治療の記録が出版されている．『朽ちていった命─被曝治療 83 日間の記録』（新潮文庫）．

2　放射線の人体への影響

2-1　被曝すると何が起きるのか？

　人体が放射線を浴びること，すなわち被曝による影響は，細胞のなかにある DNA などの生体高分子が損傷を受けたり，破壊されたりすることである（図 9）．このようなミクロな現象が積み重なって，目にみえるような大きな症状につながる．

　放射線が細胞内に飛びこむと，核にある DNA に当たり，DNA を直接的

原発事故と半減期

　東日本大震災に伴う東京電力福島第一原子力発電所の事故では，大量の放射性物質が大気中に放出され，周辺地域では深刻な環境汚染が発生した．

　原子力発電所では核分裂の過程で多くの放射性物質が生成するが，事故のときに放出されやすく，かつ影響の大きな物質がヨウ素 131 とセシウム 137 である．ヨウ素は 184 ℃，セシウムは 671 ℃が沸点であるが，今回の事故では原子炉建屋が水素爆発で吹き飛んでおり，これらの物質が気体として大量に放出された．

　放出された放射性物質が人体や環境に与える影響を考えるうえで，重要なのが半減期である．事故直後の段階ではヨウ素 131 もセシウム 137 も同様に注目され，その対策が行われた．しかし，ヨウ素 131 については，事故からしばらく経つとあまり注目されなくなった．これは本文の例でも紹介したように，ヨウ素 131 の半減期が 8 日であり，半年も経つとあまり存在しておらず，人体への影響もほとんどなくなってしまっていたからである．それとは反対に，セシウム 137 は半減期が 30 年もある．30 年経過してようやく半分になるのであり，なくなるまでには非常に長い年月が必要である．今回の原発事故による影響や被害，とくに人体にどのような影響がでるのかといったことは，これから現れてくるのものであり，復興への道のりはたいへんに長い．

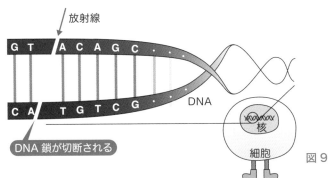

図 9 放射線は DNA に傷をつける

に傷つけることがある．あるいは細胞内の水分子を分解して**活性酸素**を発生させ，この活性酸素が DNA などの生体高分子を傷つけるという間接的なパターンもある．割合でいうと後者の間接的なパターンのほうが多いとされる．いずれにしても放射線は DNA を傷つけ，破壊するのである．

　傷つけられた DNA はどうなるのか？　実は DNA が傷つけられ，破壊されるということは日常的に起きており，放射線以外にも食物中の発がん物質やタバコ，化学物質によっても起こる．そして，細胞にはこのようにして傷ついた DNA を修復する機能が備わっており，少しの傷であればもとに戻るのである．しかし，傷が大きいと修復することができず，細胞が死んでしまうことがある．人体のいろいろな部位や臓器は多くの細胞からできているため，多少の細胞が死んでしまっても影響はないが，大量の細胞が死んでしまうと深刻な影響がでることになる．また，DNA の修復が不完全なままの細胞が，細胞分裂すると変異を起こし，がん化することがある．このようにしてできたがん細胞が増殖することにより，時間が経過したあとに，がんを発症することがある．

　からだの細胞は常に細胞分裂を繰り返し，新しく生まれ変わっているため，DNA 損傷の影響は活発に分裂する細胞ほど受けやすい．そのため，**図 10**，

図 10　臓器・組織の放射線感受性

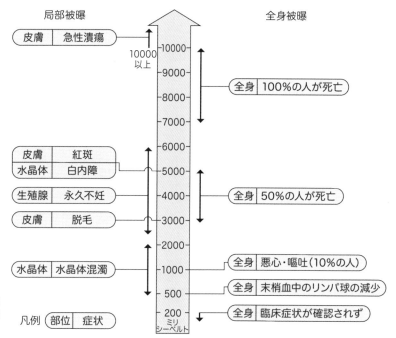

図11　急性の放射線影響
出典：文部科学省 Web，「国際放射線防護委員会 (ICRP) の放射線防護の考え方」．

11 にあるように，被曝により髪の毛が抜け落ちたり，リンパ球の減少などがみられるのである．

2-2　人体への影響

　DNA が損傷を受けることによる影響は，**図12**のように二つに分けることができる．一つは**確定的影響**，もう一つは**確率的影響**である．

　確定的影響とは，一定以上の線量を被曝しないと発症しないというもので，この発症するかどうかを分ける線量を閾値という．つまり，閾値を超えるような大量の線量を被曝すると細胞死や変異が大規模に起き，急性障害となって現れるということである．

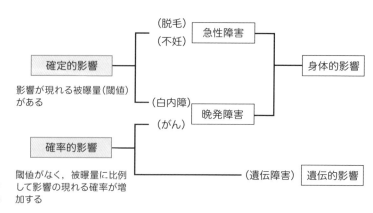

図12　放射線の
　　　人体への影響

　また，確率的影響とは，閾値が存在しないとされているため，どんなに少ない線量の被爆であっても発症する可能性があるということである．放射線から人体を守る放射線防護においてはこのことを考慮して基準が決められている．確率的影響では，被爆した本人に直接的な症状として現れてくる身体的影響だけでなく，次の世代に現れる遺伝的影響があるとされる．しかし，広島や長崎の原爆の影響を調べた疫学的な研究によると，遺伝的な影響がみつかったという事例は報告されていない．

2-3　内部被曝と臓器への蓄積

　どこから放射線がやってくるかにより，被曝は大きく二つに分けることができる．それはからだの外に放射線源があり，外側から放射線を浴びるという**外部被曝**と，からだのなかに放射線源が取り込まれ，内側から放射線を浴びるという**内部被曝**である．

　内部被曝は，外部被曝と異なり，放射線源を体内に取り込んでいるため，低線量であっても被曝が長期間続くということが大きな特徴である．たとえば，福島第一原発事故のように，放射性物質が環境中に放出されてしまった場合，それらの物質は食べものと一緒に口から，あるいは呼吸と一緒に鼻から吸入されることがある．体内に入った放射性物質は，老廃物や呼吸によって体外に排出されるものがある一方，種類によっては特定の臓器に蓄積され，放射線をだし続けるものがある．

　表4に代表的な放射性物質をあげた．ここにあげた放射性物質はそもそもその部位や臓器に蓄積される物質に性質が似ているために，その物質にまぎれて蓄積される．骨ではカルシウムが蓄積され，骨としての機能を果たすが，ストロンチウムはカルシウムと同じ2族の元素であり，化学的な性質が似ている．同様にセシウムはカリウムと同じ1族の元素であり，カリウムにまぎれて全身に蓄積される．また，甲状腺では，ヨウ素を使って甲状腺ホルモンがつくられるため，放射性ヨウ素もふつうのヨウ素にまぎれて蓄積されてしまう．

表4　代表的な放射性物質

放射性物質	部位・臓器
Sr（放射性ストロンチウム）	骨
Cs（放射性セシウム）	全身
I（放射性ヨウ素）	甲状腺

3　放射線の医療における利用

医療の分野での放射線の利用としては，診断，治療，および滅菌がある．

① 診　断

放射線は高い透過力をもつものがある．この性質を使って，体内の様子を調べることができる．その代表的なものが X 線を使った胸部レントゲン撮影である．さらに，さまざまな方向から X 線を照射することにより，体内の断面画像を撮影するのが X 線 CT である．

また，核医学検査という検査手法がある．これは特定の臓器に集まりやすい薬に放射性物質を混ぜて体内へ摂取し，臓器の形を撮影するというもので，シンチグラフィという．この検査に使われる放射性物質は半減期が短く，体外への排出が速いものが選ばれている．ほかに陽電子を使った PET–CT といったものもある．

② 治　療

放射線をいわば武器のように使い，標的となるものを攻撃するものである．具体的にはがん治療であり，手術による外科療法，抗がん剤による化学療法と並んでとても重要な治療法となっている．

がん細胞は細胞分裂が非常に活発なため放射線の影響を受けやすい（☞ 2-1 項参照）．この特性を利用して，γ 線を照射して，がん細胞を死滅させるガンマナイフがある．最近はさらに炭素イオンをがん細胞に打ち込む重粒子線治療というものもある．

③ 滅　菌

γ 線や電子線を照射して，医療用のおもにプラスチック製品を滅菌するというものである．

本章のまとめ

　放射線は人工的なものだけでなく，自然界にも存在している．その放射線は，α線，β線，γ線，X線，中性子線などの種類がある．

　放射線は不安定な放射性同位体が安定な別の元素に変わるときに放出される．このように，ほかの元素へ変化することを壊変現象といい，もとあった放射性同位体が半分の数になるのにかかる時間を半減期という．半減期は放射性同位体の種類により異なっており，そのため放射線をだし続ける時間も異なる．

　放射線はDNAを傷つけ，細胞を死滅させてしまったり，傷が完全に修復されないままに細胞分裂が起こり，がん化させたりする．この影響は二つに分けられ，確定的影響といわれる急性障害と，確率的影響といわれるがんなどがある．

　また，放射線は医療の分野でなくてはならないものとなっており，診断，治療，滅菌という分野で利用されている．

 まとめのワーク

1．放射性物質とはどういうもので，どうやって放射線をだすのか説明せよ．

2．放射線の種類とその特徴についてまとめよ．

3．放射線の人体への影響についてまとめよ．

4章

「もの」の成り立ち
―化学結合の基礎をおさらいしよう―

本章のねらい

　1章では原子についてみてきましたが，原子だけでは私たちの身のまわりの世界はでき上がりません．原子と原子が合体し，分子になってはじめて「もの」の材料がそろうことになります．そして，それらが日常の時間の流れのなかで，化学反応によってくっついたり，離れたりしているのです．この章では，いよいよ化学の本質ともいえる分子の成り立ちと化学反応についてみていくことにします．

　原子と原子の結合，あるいは分子と分子の結合は，化学においては最も基本的で，かつ最も重要な本質です．当然ながら本書のような入門書では，詳しく説明することはできません．しかし，逆に本書のような書籍では，細かなところは無視したうえで全体をざっくりとつかんでしまわないと，化学の世界には永遠に手が届きません．読者のみなさんの頭のなかに豊かで具体的な化学反応のイメージが浮かぶよう，大胆に説明してみたいと思います．

 理解するポイント

　次の項目を頭におきながら本文を読もう．学び終わったあとにこれらの質問に答えられるようになるのが目標だ！

① 化学結合とはどういうものか？
　〇基本的なルール：(i)原子はそれ自体で完成されたもの，(ii)原子の安定の度合いはまちまち，(iii)原子どうしが合体したほうがより安定する場合は合体する，(iv)最も安定する電子配置である閉殻＝貴ガスの電子配置を目指す．
　〇化学結合の三つの種類：(i)共有結合…互いに電子を提供し合い，共有する結合，(ii)イオン結合…片方が電子を提供し，もう片方が電子を受け取る結合，(iii)金属結合…それぞれの原子が電子を放出し，これらの電子(＝自由電子)が全体を結びつける結合．

② 分子間の結合とはどういうものか？
　〇分子と分子を結びつけるもの．
　〇原子間の化学結合に比べて弱い．
　〇分子間の結合の二つの種類：ファンデルワールス力，水素結合．

③ 化学反応式とはどういうもので，どんな意味があるか？
　〇化学反応による物質の変化を数式のようにして表現したもの．表し方：(反応前)→(反応後)．
　〇左辺と右辺で物質を構成している原子の数や種類に変化はない：組合せが変わるだけ．

キーワード：共有結合，イオン結合，ファンデルワールス力，水素結合，化学反応式

1　原子の結合——共有結合とイオン結合

1-1　何のために合体するのか？

　原子は先に紹介したとおり，それ自体が完成されたものである．完成されたものならば，わざわざそれらどうしが合体したりする必要はない．まずはこのイメージを頭のなかにもっておいてほしい．では，なぜ原子と原子は合体するのだろうか．

　原子はそれ自体で完成されているが，1章5節で紹介したようにその安定性にはバラつきがある．つまり，最外殻が閉殻構造となっている場合が最も安定で，そこからずれると安定性が低下してしまう．化学結合や化学反応は，関連する原子がそれぞれこの閉殻構造に向かって電子の数を調整する過程だと考えるとわかりやすいだろう．そして，そのための協力関係のあり方によって結合の種類が変わってくると考えるとよい．したがって，化学結合の本質は電子のやり取りであり，＋・－の電気の力（これを**クーロン力**という）による接着なのである．

1-2　互いに電子を提供し，共有する——共有結合

　結合に関連する原子が互いに自分の電子を提供し，それを共有するかたちで閉殻構造になるのが，このタイプの結合である．

　具体例をみてみよう．最も単純な**共有結合**である水素分子（H_2）に関して考える．Hは電子を1個しかもっておらず，この1個はK殻に存在している．しかし，K殻の定員は2であり，定員いっぱいの閉殻構造となって安定するには電子が1個足りない．そこで，2個のHがそれぞれ1個の電子を提供し合い，それら2個の電子を双方のHが自らのものであることにすると，互いに閉殻となるのである（図1）．そして，この互いに共有している2個の電子のことを**共有電子対**とよぶ．共有結合とはこのような結合である．

　もう一例みてみよう．二酸化炭素も典型的な共有結合であるが，どのよう

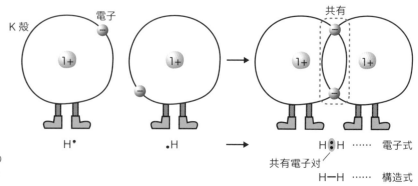

図1　HとHの
　　　共有結合

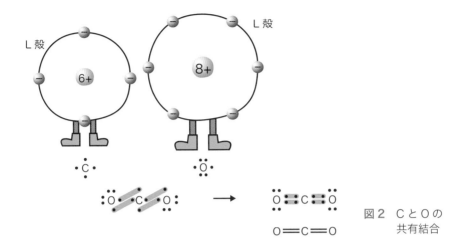

図2　CとOの
共有結合

な電子の調整をしているのだろうか．まず，Cは原子番号6番なので，最外殻電子は4個である．Oは原子番号8番なので，最外殻電子は6個である．つまり，Cはあと4個，Oはあと2個の電子を手に入れることができれば閉殻構造になれる．そこで，Oは2個の電子を手に入れる代わりに2個の電子を提供する，つまり，電子4個（共有電子対2個）をCとともに共有する．Oは2個あるので，Cにしてみれば合計4個の電子を提供してもらったことになり，閉殻となるわけである（**図2**）．この結合においては，CとOの間に2個の共有電子対が入ることになる．このような結合をとくに二重結合とよぶ（これに対して先のH_2の場合は単結合とよぶ．共有結合には，**単結合，二重結合，三重結合**がある）．

　この共有結合は，からだをつくっている物質である生体高分子のなかにも多数存在し，たとえばタンパク質をつくるときのアミノ酸どうしの結合であるペプチド結合や，糖とほかの有機物の結合であるグリコシド結合なども共有結合である（☞7章参照）．

1-3　電子を与える，もらう——イオン結合

　共有結合では結合に絡む原子は基本的にはどれも電子が足りず，どこかから提供してほしいというタイプのものであった．しかし，今回は電子が邪魔で捨ててしまいたいタイプの原子（陽性の原子という）と，電子がほしいというタイプの原子（陰性の原子という）の結合である．これら2者の間では，電子を共有する必要はなく，いわば利害関係の一致から，"与える－もらう"という関係が成立する．このような結合を**イオン結合**とよぶ．

　具体例をみてみよう．塩化ナトリウム（食塩）である．Naは原子番号11番で，価電子は1個である．この場合は，電子をもらってきて閉殻にするよ

共有する電子

二酸化炭素の場合は，共有する電子が4個になるが，それは共有電子対が2個あるととらえなければいけない．このことは電子軌道のことを思いだすと理解できるだろう．

一つの電子軌道にはスピンの方向が逆になる2個の電子しか入れなかった．原子と原子が結合すると，この軌道は合体して分子軌道というものがつくられる．しかし，分子軌道も定員は2である．したがって，"2"をひとまとまりとして考えなければならないのである．

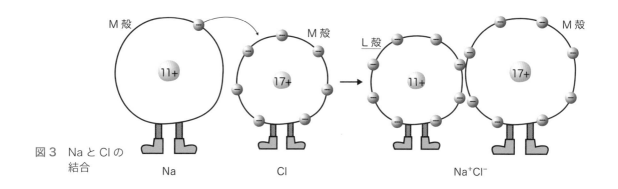

図3　NaとClの
　　　結合

りは，この１個をだしてしまったほうが効率よく閉殻になれる．また，Cl
は原子番号17番で，価電子は7個である．あと１個電子があると閉殻にな
れる．そこで，これらの間で合体することにより，互いに閉殻になるのであ
る(図3，☞5章2-3項参照)．

1-4　そのほかの結合──金属結合

　人体の化学として最も重要な結合が共有結合とイオン結合であるが，一般
的にはもう一つ，**金属結合**というものがある．これはそれぞれの金属原子か
ら電子を放出し，それをすべての金属原子全体で共有するというタイプの結
合である．したがって，電子はどれか一つの原子に縛られることなく，金属
原子全体のなかを自由に泳ぎまわることができる(図4)．このため結合自体
は緩やかなものとなり，外から加えられた力などで容易に全体の形を変えて
しまうことになる．これが金属の展性や延性の原因である．また，自由に泳
ぎまわっている電子(これを**自由電子**という)が存在するため，電気や熱を伝

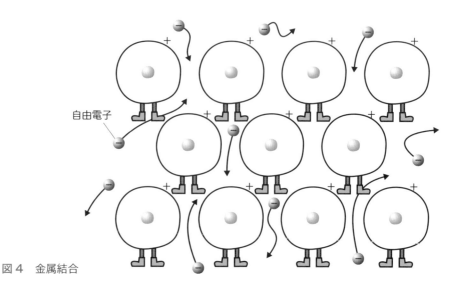

図4　金属結合

えやすいという金属特有の性質をもつことになる.

2　分子の結合——ファンデルワールス力，水素結合

2-1　分子と分子をつなぐもの

本書の冒頭でも紹介したように，すべての物質は原子からできている. しかし，ただ単に原子が集まって物質になっているわけではなかった. 原子と原子の間には電気的な力がはたらき，このことにより原子どうしは結合して分子となっていた. 同様に，分子がただ単に集まるだけで物質をつくっているわけではない. 分子の間にも力がはたらいており，分子どうしが結合して物質になっているのである.

このようにいうと難しそうなイメージをもってしまうかもしれないが，単純に考えても，分子をたくさん集めただけで，それらの間に結合が生じていなければ，すぐにバラバラになってしまい，目にみえたり手で触れたりできる"物質"にならないことはすぐに想像できるだろう. サラサラした砂では形をつくることは難しい.

ただし，この分子間の結合は，原子間の結合に比べてたいへん弱く，切れやすいことを押さえておこう. 分子間の結合で取り上げておきたいものは，**ファンデルワールス力**と**水素結合**である. とくに看護系の化学，あるいは人体の化学という視点でみると水素結合はたいへん重要である.

2-2　ファンデルワールス力

分子は通常，電気的に中性で，＋の電気も−の電気も帯びていない. しかし，局部的にみたり，瞬間瞬間の非常に短い時間でみたりするとわずかながら電気を帯びているところが生じる. これらの部分の間で生じる電気的な力をファンデルワールス力とよび，この力で分子は結合している. 原子間の結合が電子といういわば"電気のかたまり"を仲立ちとした結合であることを考えると，同じ電気の力であっても分子間の結合が原子間の結合に比べてはるかに弱くなるのは，このような違いがあるからである.

また，ファンデルワールス力は，分子間をつなぐ結合としては最も一般的なもので，この結合によりできあがっている結晶のことを**分子結晶**という. 結晶には図5にあるように四つの種類があるが，ほかの三つが原子間の結合により構成されているのに比べ，分子結晶だけが分子間の結合により構成されている. そのため，柔らかかったり，融点・沸点が低かったりという結合の強さと直結した性質が現れる. たとえば，典型的な分子結晶であるドライアイス（CO_2の結晶）を思い浮かべるとわかりやすいだろう.

ヨハネス・ディーデリク・ファン・デル・ワールス（1837〜1923年）

オランダの物理学者. それまで気体の状態を理論的に表す場合，分子の大きさはなく，分子と分子の間には力がはたらかないとみなして考えられてきた. しかし，これでは実際の物質とはかけ離れており，現実を表すことに困難があった. そのため彼はこの二つの仮定を考慮し，より現実に即した理論をつくり，気体と液体を区別なく，連続してとらえることができることを証明した.

結晶の種類	共有結晶	分子結晶		イオン結晶	金属結晶
結合の種類	共有結合	分子内：共有結合		イオン結合	金属結合
		分子間：ファンデルワールス力			
結晶構造					
物質の例	SiO_2 C(ダイヤモンド)	CO_2(ドライアイス) H_2O(氷)		NaCl $CaCO_3$	Al Fe Zn
構成元素	非金属	非金属		金属-非金属	金属
化学式名	組成式	分子式		組成式	組成式
融点	非常に高い	低い		高い	高い
性質	非常に硬い	柔らかくてもろい		水溶液になると電離して電気を通す	熱や電気を通す

図5 結晶一覧

2-3 水素結合

　分子のなかには，その分子を形成している原子の間で電子を引きつける力に大きな差があり，やや＋に帯電しているところ（"$\delta+$"と表記する，"デルタプラス"と読む）とやや−に帯電しているところ（"$\delta-$"と表記する，"デルタマイナス"と読む）に分かれているものがある．たとえば，水分子は酸素原子と水素原子から形成されているが，酸素原子と水素原子では電子を引きつける力に大きな差がある．酸素原子はその構造から電子を引きつける力が強く，水素に由来する電子を自分のまわりに引き寄せてしまう．その結果，水分子は図6のように$\delta+$と$\delta-$に分かれてしまうのである．水分子は当然ながら1個で存在しているわけではなく，非常にたくさんの分子が集まっているわけだから，ある分子の$\delta+$の部分のすぐ近くに，別の分子の$\delta-$の部分が近づいてくることがある．このとき，$\delta+$と$\delta-$の間には引力がはたらき，水分子どうしが結合する．このような水素原子を仲立ちとする分子間の結合を水素結合とよぶ．

　水素結合は生命を形づくっている生体高分子のなかで非常に重要な役割を

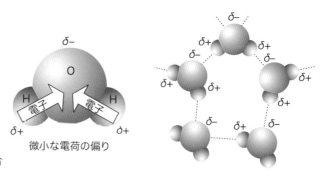

図6 水素結合

果たしている. 詳しくは7章でも触れるが, 次のようなところに存在している.

① DNA

鎖と鎖の結合, すなわち, アデニンとチミン, グアニンとシトシンを結合させている (図7). アデニンとチミンの間には2本の水素結合が, グアニンとシトシンでは3本の水素結合があるため, アデニンとグアニン, チミンとシトシンといった組合せでは結合することができない. このような選択的な結合を**相補的な結合**という.

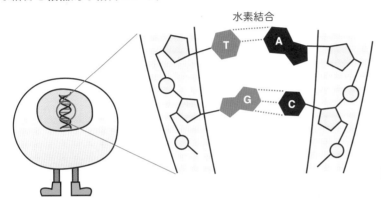

図7 DNA の
水素結合

②タンパク質

タンパク質の二次構造とよばれるらせん構造(αヘリックス)における上下のらせんの結合や, ひだ状構造(βシート)を形成している(図8). また, 四次構造とよばれる複数のタンパク質が結びついた構造の形成には, ファンデルワールス力が関与している.

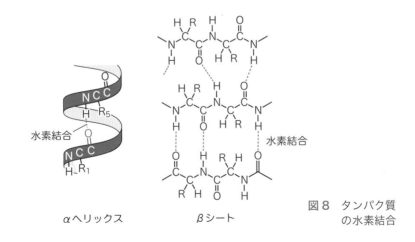

αヘリックス βシート

図8 タンパク質
の水素結合

> ### 3　化学反応

3-1　表し方

化学反応は**化学反応式**を使って表す．化学反応式は化学式（表1）を使い，反応前の物質を左辺に，反応後の物質を右辺に書いて表現する．

$$（反応前）\quad\longrightarrow\quad（反応後）$$

化学反応式の最大の特徴は，左辺と右辺で物質を構成している原子の数や種類に変化がないということである．たとえば，炭素が燃焼して二酸化炭素ができる反応を考える．燃焼とは酸化反応のことなので，化学反応式は次のようになる．

$$C \quad + \quad O_2 \quad \longrightarrow \quad CO_2$$

左辺は炭素が1個，酸素が2個，右辺も炭素が1個，酸素が2個で，たしかに構成している原子の数も種類も変化していない．変わったのは部品＝原子の組合せ方だけである．みた目にはこれは木が燃えるといった複雑な現象であるが，化学反応式をみているとおどろくほどシンプルである．化学の目で物事をみるということは，このように世の中の現象をシンプルに，そして本質をとらえていこうとすることなのである．

では，次に化学反応式をつくっていく方法を紹介する．上の例のように，反応前後の物質を化学式にして並べただけで化学反応式にならない場合である．たとえば，窒素（N_2）と水素（H_2）が反応してアンモニア（NH_3）ができる反応を考える．まず反応前が左辺，反応後が右辺になるように化学式を当てはめ，化学反応式の形にする．

$$N_2 \quad + \quad H_2 \quad \longrightarrow \quad NH_3$$

次に原子の数をそろえる．

表1　化学式の種類

種　類	ホルムアルデヒド	酢　酸
実験式 （組成式）	CH_2O	CH_2O
分子式	CH_2O	$C_2H_4O_2$
示性式	$HCHO$	CH_3COOH
構造式		

左辺：N……2個, H……2個

右辺：N……1個, H……3個

Nに注目すると左辺は右辺の2倍になっているので，右辺の原子の数をすべて2倍にする．

左辺：N……2個, H……2個

右辺：N……2個, H……6個

ここで，左辺はNとHをそれぞれ別に変えることができるので（N_2とH_2は別の物質だから），Hを3倍する．

左辺：N……2個, H……6個

右辺：N……2個, H……6個

これらをまとめると

$$N_2 \quad + \quad 3H_2 \quad \longrightarrow \quad 2NH_3$$

となる．

3-2　化学反応の量的関係

化学反応式のそれぞれの分子の前にある数(係数)についてみてみよう．

$$1N_2 \quad + \quad 3H_2 \quad \longrightarrow \quad 2NH_3$$

この1と3と2という数字は，それぞれの分子がどれだけの比率で反応するのかを表している．つまり，窒素1に対して水素が3という比で反応し，その結果，アンモニアが2できるということである（窒素：水素：アンモニア＝1：3：2）．これはたいへん便利であり，どれくらいの量を反応させると，どれくらいの量の生成物が得られるかがわかるのである．たとえば前述の例でいうと，2モルのアンモニアをつくりたいのであれば，窒素を1モル，水素を3モル用意して反応させればよい．このように化学反応の**量的関係**をひと目でわかるように表しているのが化学反応式の本質である．化学反応式はとかく嫌われがちであるが，実はこのような便利さが隠れており，定量的にものごとを考えるうえでは非常に重要な道具だといえるだろう．

問題 1

次の陽イオンと陰イオンを組合せからできる化合物の組成式と名称を答えよ.

	Cl^-	OH^-	O^{2-}	SO_4^{2-}
Na^+				
Ca^{2+}				
Al^{3+}				

解答

	Cl^-	OH^-	O^{2-}	SO_4^{2-}
Na^+	$NaCl$ 塩化ナトリウム	$NaOH$ 水酸化ナトリウム	Na_2O 酸化ナトリウム	Na_2SO_4 硫酸ナトリウム
Ca^{2+}	$CaCl_2$ 塩化カルシウム	$Ca(OH)_2$ 水酸化カルシウム	CaO 酸化カルシウム	$CaSO_4$ 硫酸カルシウム
Al^{3+}	$AlCl_3$ 塩化アルミニウム	$Al(OH)_3$ 水酸化アルミニウム	Al_2O_3 酸化アルミニウム	$Al_2(SO_4)_3$ 硫酸アルミニウム

問題 2

メタノール (CH_3OH) を完全燃焼させる (酸素と反応させる) と, 二酸化炭素と水を発生する.

① この反応を化学反応式で表せ.

② 酸素分子 60 個と反応するメタノール分子は何個か.

③ 水分子が 6.0×10^{23} 個生じるためには何個のメタノール分子が反応すればよいか.

④ メタノール分子 0.3 モルが反応したときに生じる二酸化炭素は何モルか.

解答

① $2CH_3OH + 3O_2 \longrightarrow 2CO_2 + 4H_2O$

② 酸素とメタノールは 3：2 の割合で反応するので,

$$60 \times \frac{2}{3} = 40 \text{ 個}$$

③ 水とメタノールは 4：2 の比率なので,

$$6.0 \times 10^{23} \times \frac{2}{4} = 3.0 \times 10^{23} \quad \text{個}$$

④二酸化炭素とメタノールは 2：2 の比率なので，

$$0.3 \times \frac{2}{2} = 0.3 \, \text{mol}$$

本章のまとめ

　物質間の結合は大きく分けると原子間の結合と分子間の結合になる．原子間の結合には，電子をだし合って，それを共有する共有結合と，電子を"与える―もらう"という関係で結合するイオン結合，全体で自由電子をもつ金属結合がある．分子間の結合には，ファンデルワールス力と水素結合があり，とくに水素結合は生体高分子の構造を形成するうえで重要な役割を果たしている．

　また，物質が結合したり，離れたりする化学反応は化学反応式で表す．化学反応式では，反応の前後で原子の数や種類が変わらないように記述する．化学反応式を見ると化学反応の量的関係を知ることができる．

 まとめのワーク

1. 化学結合とはどういうものかまとめよ．
2. 共有結合とはどういうものか説明せよ．
3. イオン結合とはどういうものか説明せよ．
4. 分子間の結合とはどういうものか説明せよ．
5. 化学反応式とはどういうものかまとめよ．

5章

「水」ってすごい！
—生命活動を支える「水」のはなし—

本章のねらい

　私たちのからだはいったい何からできているのでしょうか？　1章では，どのようなまとまりからできているのかを考えて，からだのなかの階層構造を下り，原子に行きつきました．今回は同じ問いかけですが，少しニュアンスが違います．成分として，どんなものからできているのかということです．この問いに対しては，ほとんどの人は自信をもって「それは水です」と答えられるのではないでしょうか．人体の約60～70％は水でできているという知識をもっている人は結構多いのではないかと思います．しかし，その"水"のことをみなさんはどれくらい知っていますか？　あたり前すぎて，気にも留めていないのではないでしょうか．

　これから人体をみていくうえで，"水"の性質は非常に重要です．また，水はとても変わった物質で，特殊な性質をたくさんもっています．人体の半分以上は"水"からできており，体液はまさに水溶液です．この章では水そのものの性質から，水に溶ける物質の性質までを紹介したいと思います．

理解するポイント

　　次の項目を頭におきながら本文を読もう．学び終わったあとにこれらの質問に答えられるようになるのが目標だ！

① **水の特異な性質の原因は？**

　〇 水の分子構造

② **イオンとはどういうものか？**

　〇 中性の原子から電子が取れたり，電子がくっついたりして，電気を帯びているもの．電子の着脱により，閉殻の電子配置を目指す．

　　・陽イオン（カチオン）：＋の電気を帯びているもの ⇒ 価電子が取れた．

　　・陰イオン（アニオン）：－の電気を帯びているもの ⇒ 電子を取り込んだ．

③ **電解質とはどういうものか？**

　〇 水に溶けてイオンになるもの．水溶液中では陽イオン，陰イオンの形で存在している．

④ **人体にとって電解質（イオン）はどのような役割があるか？**

　〇 外界から体内に物質を取り入れるためには，水溶液の状態で体内に取り込む．なぜなら，人体はほとんど水で，電解質は水に溶けるからである．

　〇 からだの機能調節などを担っている．電解質の量的なバランスが崩れると体調が悪くなる．水溶液中での電解質の量（電解質濃度），膜を挟んでの水の移動（浸透圧）が重要．

キーワード：水，極性分子，電解質，イオン，イオン結合，結合の手

5章は，生物や生理学で学ぶ
「神経系」「体液循環」とも関
連する内容です．

1　からだのなかの液体

1-1　特異な物質"水"の性質

　意外に思われるかも知れないが，**水**はとても変わった性質をもち，おもに
は次のようなものがある．

　① 沸点・融点が高い．

　② いろいろな物質をよく溶かす．

　③ 蒸発しにくい．

　④ 表面張力が大きい．

　⑤ 比熱が大きい．

　⑥ 固体(氷)が液体(水)に浮く．

　どこが変わっているのだろうか．それぞれについて簡単に紹介していこう．
① 水を化学式で書くと H_2O である．この化学式をみると，水は酸素の水素
化合物だということができる．1章でも紹介したとおり，物質の化学的な性
質は，周期表の族(縦の並び)が同じなら似たような性質になる．そこで酸素
がある16族の元素の水素化合物と比較してみると，**図1**のように水だけが
飛びぬけて沸点・融点が高いことがわかる．
② 水は溶媒としてたいへん優れていて，無機物も有機物も溶かしてしまう．
これほど多くの種類のものを溶かすことができるものはほかにない．
③ 液体が蒸発し，気体になるためには熱を与えてやる必要がある．この熱
を蒸発熱(一般的には気化熱とよばれることも多い)という．水は蒸発熱が大
きく，相対的に蒸発しにくい物質である(**図2**)．つまり，水が蒸発するとき
にはまわりから多くの熱を奪っていくことになり，冷却システムとして非常
に有用である．たとえば，私たちが汗をかくことで体温調節ができるのは，

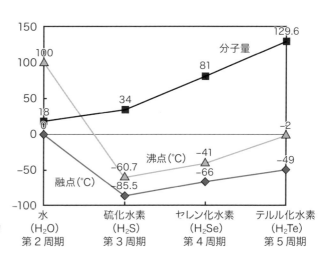

図1　酸素族水素化合物
　　　の沸点・融点

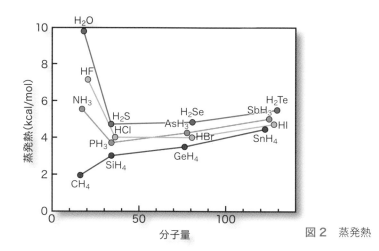

図2 蒸発熱

この性質のおかげである.

④，⑤ 水は表面張力が大きいため，土壌に保水されやすく，高い木でも水を吸い上げることができる．また，比熱が大きいため（つまり熱しにくく，冷めにくい）大気や水の温度が変化しにくく，その結果，気候の変化は穏やかになる．さらに約 60 ～ 70 ％が水からできている人体にとっては，体温の維持に好都合である．

⑥ 氷が水に浮くのは，私たちにとってはあたり前の話であるが，これはほかの物質では起こりえないきわめてまれな現象である．固体が液体に浮かぶのは，アンチモンやゲルマニウムぐらいでたいへんに少ない．一般に物質は温度が下がると密度が上がり，同じ体積で比べると，重さは重くなる．温度の低い固体が液体に浮かぶのは，起こりえない現象なのである．水の場合も，温度が下がるにつれて密度が上がるが，約 4 ℃で最大になり，さらに温度が下がると今度は逆に密度が下がり，結果としてこのような現象を生むのである．この特異な現象は，生命にとって非常に重要な意味をもつ．もし氷が水に浮かばなかったら，水面でできた氷はどんどん沈んでいき，水中の生物は凍死，あるいは圧死していくしかない．そうなれば，海で生まれた生命は進化することができなかったのではないだろうか．

1-2 "水"の性質の原因

前項で示したように，水は特異な性質をもつが，それらはすべて水の分子構造に原因がある．ここで水の分子構造を詳しくみてみることとする．

水は O を中心に両側に H が結合しているが，直線状ではなく，**図3**のように軸が折れ曲がった形をしている．これはどのようにして O と H が結合し，水分子ができているかを考えればよい．O は原子番号が 8 だから，価

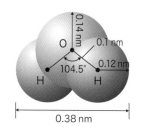

図3 水分子

電子は6個である．Hは原子番号が1で，価電子は1個である．したがって，OとHの間の結合は，互いに電子をだし合って電子対をつくる共有結合である．

　また，Oはこの共有結合に2個の電子を使っているが，残り4個の電子が最外殻に存在している．この4個の電子はそれぞれ2個ずつでまとまっており，これらは非共有電子対とよばれる．結果として，Oのまわりには4個の電子対が存在することになる．さらにこの電子対はすべて負の電荷を帯びているので，それぞれが反発することになる．したがって，これらが最も安定して存在できるのはOを中心にした正四面体の各頂点に電子対が存在するときなのである（図4）．水分子の軸の折れ曲がりは，この正四面体の二つの頂点の方向のなす角度と考えればよい（正確には正四面体の二つの頂点の方向のなす角度は109.5°であり，水分子の軸の折れ曲がりは104.5°である．これはO–Hの結合に使われている共有電子対間の反発のほうが，非共有電子対間の反発より小さいため，間の角度がやや狭くなるのである）．

　さらに水分子を特徴づける構造として，水素結合がある．4章で紹介したように，水素結合とはHが$\delta+$，Oが$\delta-$に帯電し，分子間でこれらが引きつけ合って結合を形成することである．したがって，説明は多少不正確になるが，水はそれぞれの分子間の引きつけ合う力がほかの物質よりも強くはたらいているため，全体のまとまりが強いととらえてみればよいだろう．沸点・融点が高い，あるいは蒸発熱が大きいといった性質は，このことを念頭に置くと非常に納得できるのではないだろうか．

　このように水分子は軸が折れ曲がった形をしており，さらにそれが帯電し，＋と－に分極している（このような分子を**極性分子**という）．このような分子構造が特異な性質の理由になっているのである．

図4　水分子の
　　　電子配置

1-3　からだのなかの液体

　人体の約60〜70%は水である．この水分は，からだのなかで細胞内液と細胞外液に大別される．細胞内液が全体の約3分の2を占めており，残りは細胞外液である．細胞外液は血液，リンパ液，組織液からなっており，細胞外液全体の約8割が組織液である．また，血液は半分以上が液体成分である血漿であり，血漿の約9割が水分である（表1）．

　人体を構成する水分の比率は年齢とともに変化し，赤ちゃんなら70〜80%くらい，成人なら60%強，高齢者なら50%強で，年齢が高くなるほど低下する．最も水分量が少ない高齢者でもからだの半分以上は水であるから，人体は特異な物質のかたまりだということができるだろう．したがって，水の基本的な性質や原因となる分子構造を理解し，そのことと水溶液の性質を

表1　体液の内訳（体重 70 kg の男性の場合）

全水分量 （約 42 L）	細胞外液（14 L）	血漿（2.8 L）
		組織液（11.2 L）
	細胞内液（28 L）	

出典：日本心臓財団，「血圧と血中ナトリウム量の関係について教えてください」（http://www.jhf.or.jp/senmoni/q&a/na.html）.

しっかり結びつけておくことが，人体を理解するうえでたいへん重要である.

2　イオンと電解質

2-1　水に溶けてイオンになる物質

　水に食塩を溶かすとどうなるだろうか？　食塩は水に溶けて姿形がみえなくなってしまうだけでなく，二つの物質に分かれてしまう．具体的には，＋に帯電したナトリウムイオンと−に帯電した塩化物イオンである.

　食塩とは，ナトリウムと塩素がイオン結合した物質である．このようなイオン結合した物質は，水に溶かさない状態であれば，イオンに変わることは日常的な環境のもとでは起こらない．もし水に溶かさずに電離させようとすると，バーナーであぶって融かし，液体にしてしまうしかなく，大きなエネルギーが必要である．しかし，水に溶かすと簡単に電離してしまう．これは，先に紹介したように水が極性分子であり，かつ食塩がイオン結合しているためである．このような水に溶けて電離してしまう物質のことを**電解質**とよぶ.

2-2　イオンとは

　イオンとは電荷を帯びた原子のことであり，＋の電気を帯びているものを**陽イオン（カチオン）**，−の電気を帯びているものを**陰イオン（アニオン）**とよぶ．1章でみてきたように，そもそも原子は電気的には中性であり，電荷を帯びることはない．しかし，なんらかのきっかけで電子を失ってしまったり，逆に電子を得たりすることがある．電子は−の電荷を帯びているので，電子を失ったときには全体として＋の電荷を帯びることになり，逆に電子を得たときには−の電荷を帯びることになる.

　たとえば，ナトリウムのような1族の元素の電子配置を考えると，貴ガスの電子配置にさらに1個の電子が加わったかたちとみることができた．つまり，最外殻の価電子は1個であり，この1個を失うと閉殻構造になる．閉殻構造はエネルギー的には安定した状態なので，1族の元素は何かのきっかけで電子を1個失い，プラスの電荷が一つ多い陽イオンになる傾向がある．このようにプラスの電荷が一つ多い陽イオンを1価の陽イオンとよび，プ

マイナスイオン

家電製品などのキャッチコピーに使われ，健康や美容によいとされる「マイナスイオン」は，「陰イオン」とはまったく異なるものである．「マイナスイオン」は科学的な用語ではなく，定義もはっきりしない（水の微粒子にほかの成分が付着し，さらに静電気を帯びているものという話はある）．まして，それによる効果となるとまったく根拠のないものといわざるをえない．とくに美容や医療に関するこのような商法に惑わされず，科学的に正しい判断のできる医療人を目指してほしいものである.

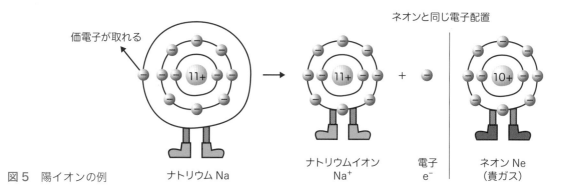

価電子が取れる

ネオンと同じ電子配置

図5 陽イオンの例　　ナトリウム Na　　ナトリウムイオン Na⁺　　電子 e⁻　　ネオン Ne（貴ガス）

ラスの電荷の数を**価数（原子価）**とよぶ（図5）.

　またこの例とは逆に，フッ素のような17族の元素の電子配置は，貴ガスの電子配置より電子が1個少ないかたちとみることができた．つまり，価電子は7個であり，あと1個電子があると閉殻構造になれる．したがって，17族の元素は何かのきっかけで電子を1個獲得して，－（マイナス）の電荷が一つ多い陰イオンになる傾向がある．このように－の電荷が一つ多い陰イオンを1価の陰イオンとよび，－の電荷の数も＋の電荷同様に価数（原子価）とよぶ（図6）.

　1族の元素や17族の元素と同様に，ほかの元素でも貴ガスの電子配置との関係で陽イオンになるのか，陰イオンになるのか，価数はいくらになるかが決まってくる．2族なら2個の電子を失うと閉殻構造になるので2価の陽イオン，16族なら2個の電子を獲得すると閉殻構造になるので2価の陰イオンになる．このようにイオンは閉殻構造（すなわちエネルギー的に安定化する方向）との関係で陽性・陰性の違いや価数が決まってくる.

2-3　イオンどうしが結合する比率

　4章で紹介したイオン結合を思いだしてほしい．イオン結合とは電子を「与える─もらう」の関係である．そして，結合することによって閉殻と同じ電

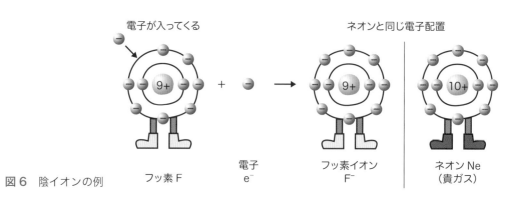

電子が入ってくる

ネオンと同じ電子配置

図6 陰イオンの例　　フッ素 F　　電子 e⁻　　フッ素イオン F⁻　　ネオン Ne（貴ガス）

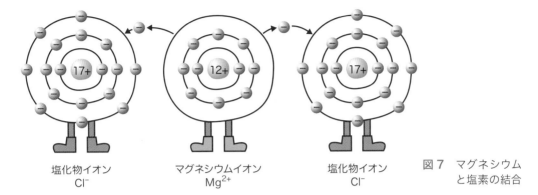

図7 マグネシウム
と塩素の結合

塩化物イオン
Cl^-

マグネシウムイオン
Mg^{2+}

塩化物イオン
Cl^-

子数になることを目指すものだ．つまり，ここで紹介した陽イオンと陰イオンとの結合がイオン結合なのである．

　結合して閉殻を目指すのだから，たとえば，ナトリウムと塩素は1対1の比率で結合する．それはナトリウムが1価の陽イオンになり，塩素は1価の陰イオンになるからである．これをイオン式で書くと次のようになる．

$$Na^+ + Cl^- \longrightarrow NaCl$$

　これに対して，マグネシウムと塩素が結合する場合は1対2の比率で結合する．それはマグネシウムが2価の陽イオンになるからである（マグネシウムは2族）．よって，結合して閉殻と同じ電子数になるためには，マグネシウムの2個の価電子を図7のようにそれぞれ1個ずつ塩素に与える必要がある．これをまとめると次のようになる．

$$Mg^{2+} + 2Cl^- \longrightarrow MgCl_2$$

　このようにイオンの価数は，いくつの原子と結合できるのかを表す指標ととらえることができる．このため，価数を**"結合の手"**と表現することがある（図8）．ナトリウムは"結合の手"が1本，マグネシウムは2本，塩素は

例外は…
イオン結合しているが電解質でないものも存在する．たとえば，胃のレントゲン検査のときに造影剤として飲む硫酸バリウムなどがある．バリウム化合物は劇物であるが，硫酸バリウムは電解質でないため，体内に吸収されないので毒性はない．

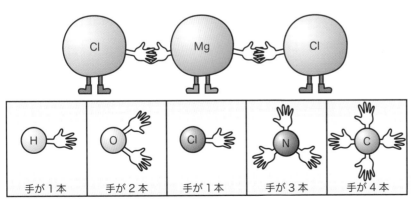

図8 結合の手

H 手が1本　O 手が2本　Cl 手が1本　N 手が3本　C 手が4本

１本である．まさに手と手をつないで合体するのだから，この手が余ったり，足りなくなったりしないように結合する原子の数の比が決まるのである．

2-4 電解質と体内のイオン

イオン結合によってできている物質は，極性分子である水に入れると溶けて電離する．つまり，イオン結合でできている物質は，ほとんどが電解質である．他方，人体は外界の物質を体内に取り入れるときには水溶液の状態で，腸壁や細胞膜を通過させる．つまり，外界の物質のうち電解質は水溶液の状態で体内に取り込まれ，私たちの生命活動に利用されている．逆にいうと，水に溶けない物質は体内に取り込まれることなく排出されてしまう．いわば水に溶けない物質は毒にも薬にもならないということである．

電解質のイオンは，体内では神経や筋肉の調整，酸と塩基のバランスの調整など，からだのなかの微妙な調整を担っている（表2，3）．そして，これらイオンのからだのなかでの挙動を考えていくうえで非常に重要になるのが，定量的なとらえ方である．とくに電解質のイオンの量と膜を挟んでの水の移動，つまり，電解質濃度（☞2章3-2項参照）と浸透圧（☞6章1節参照）に注目する必要がある．

ミネラル
栄養学の分野では，電解質のうちの無機物を「ミネラル」として扱うことがある．厚生労働省では，ミネラルのうち13種類について，1日の摂取量の基準を示している．13種類のミネラルは以下のとおりである．
○多量ミネラル
ナトリウム，カリウム，カルシウム，マグネシウム，リン
○微量ミネラル
鉄，亜鉛，銅，マンガン，ヨウ素，セレン，クロム，モリブデン

表2 体内のおもなイオン

陽イオン	1価	H^+, Na^+, K^+, NH_4^+
	2価	Mg^{2+}, Ca^{2+}, Zn^{2+}, Fe^{2+}
	3価	Fe^{3+}
陰イオン	1価	Cl^-, OH^-, HCO_3^-
	2価	HPO_4^{2-}, SO_4^{2-}
	3価	PO_4^{3-}

●体液や電解質のバランスの役割●

よく理解しておこう　**化学の基礎**

浮腫や脱水という症候は，まさに体液（水）の過不足によるもので，そして，そこに溶けている電解質の異常から起こる．

浮腫は細胞外〔とくに組織（間）〕液が過剰に増加した状態，脱水は反対に細胞外液が欠乏した状態をいう．いずれも体液量のバランスを崩した結果といえる．原因はさまざまあるが，これを放置すると重篤な状態に陥る危険がある．

また，電解質は微量ながら，バランスを保って人体に存在する．たとえば，血清カリウムは3.5～5.5 mEq/L の狭い範囲でその機能（筋肉や神経などの刺激・伝達・収縮など）を果たしている．その濃度が少しでも上がると高カリウム血症を呈し，致死的な不整脈を起こして死に至る場合もある．医療者にとって，体液や電解質管理は人の命を左右する重要なことである．

一般社団法人日本看護学校協議会会長　池西 静江

表3　おもな電解質（イオン）の役割

電解質（イオン）		役割
細胞外液	Na⁺	浸透圧の維持，水分量の調整　など
	Cl⁻	Na や HCO₃ とのバランスをとる，胃酸の分泌　など
	HCO₃⁻	血液の pH，酸塩基平衡の調節　など
細胞内液	K⁺	神経伝達，筋肉や心臓の収縮　など
	Mg²⁺	筋肉収縮，骨や歯をつくる　など
	Ca²⁺	神経伝達，血液凝固　など

本章のまとめ

　人体を構成する成分は半分以上が水であり，これにいろいろな物質が溶けている．つまり，水溶液の状態になっている．そして，イオン結合している物質の多くは水に溶け，電離してイオンとなる．このような現象が起こるのは水が極性分子だからであり，水に溶け，電離する物質を電解質という．人体はいろいろな物質を，水溶液を介して体内に取り込んでいる．

　また，イオンが結合するときには，それぞれの物質の価数に注目する必要がある．価数を"結合の手"とよび，これが余らないように結合する．

 まとめのワーク

1．イオンとはどういうものか説明せよ．

2．電解質とはどういうものか説明せよ．

3．人体にとって電解質（イオン）はどのような役割を果たしているかまとめよ．

6章

からだのなかの「水」
—浸透現象と酸・塩基—

本章のねらい

　5章でみてきたように，人体は "水" というたいへん特殊な物質で満たされていて，そのなかに多くのイオンが溶けている水溶液のような状態です．この章では水溶液の性質に注目し，そのなかでも人体を考えるうえでどうしても必要な概念について紹介したいと思います．

　まずは浸透現象です．浸透現象は半透膜という膜を隔てて接する二つの溶液の間で起こる現象ですが，細胞膜はこの半透膜の性質をもっています．そして，この浸透現象を利用して細胞は水分のやり取りをしています．もし浸透現象がなかったら細胞は干からびてしまいます．

　もう一つは酸と塩基です．酸や塩基（アルカリ）の歴史は古く，古代から認知されてきました．いまでもいろいろなところでみかける酸性やアルカリ性といった言葉は，いったいどういう意味なのでしょうか．

　この章では浸透現象と酸・塩基について，その基本的な定義から看護・医療系で必要となる知識までを紹介していきます．

理解するポイント

　次の項目を頭におきながら本文を読もう．学び終わったあとにこれらの質問に答えられるようになるのが目標だ！

① 浸透圧とはどういうものか？

　○ 濃度の高い溶液が水を引き込む力のこと．

　○ オスモル濃度（Osm）：注目している電解質（イオンの量）が溶液1Lに対してどれだけの量（Eq）溶けているのか．（モル濃度）×（電離したときの1分子あたりの粒子数）

② 酸と塩基とはどういうものか？

　○ 酸・塩基の定義（アレニウスの定義）：酸：水に溶けて H^+ を生じる物質，塩基：水に溶けて OH^- を生じる物質．

　○ 酸・塩基の強さ：酸も塩基も水に溶けて電離する = イオンを生じる．イオンの量によって強さが決まる（イオンが多い = 強い，イオンが少ない = 弱い）．

③ 水素イオン濃度とはどういうものか？

　○ 水溶液中の水素イオンの濃度を使って酸・塩基の強弱を表す：水素イオン指数 = pH を使う．

　　酸性：$[H^+] > 1.0 \times 10^{-7}$ [mol/L] ⇒ pH < 7

　　中性：$[H^+] = 1.0 \times 10^{-7}$ [mol/L] ⇒ pH = 7

塩基性：$[H^+] < 1.0 \times 10^{-7}$ [mol/L]　⇒　pH > 7

④ **中和反応とはどういうものか？**

　○ 酸と塩基が反応する現象：酸　＋　塩基　→　塩　＋　水

⑤ **人体について酸・塩基はどのようなことを意味しているか？**

　○ 酸・塩基は水溶液の性質 ＝ 体液の性質．からだの状態を表しており，体液の pH は狭い範囲に保たれている．状態が変化して pH が変化すると，緩衝系によるフィードバック作用がはたらく．

キーワード：浸透現象，オスモル濃度，酸・塩基，水素イオン濃度，中和反応

看護系 で役立つポイント

6章は，生物や生理学で学ぶ「免疫」とも関連する内容です．

半透膜
一定の大きさ以下の粒子のみを通す膜のこと．

1　浸透現象

1-1　浸透圧とは？

　図1のように半透膜をはさんで濃度の違う二つの水溶液がある場合を考える．このとき水（溶媒）は濃度の低い溶液から濃度の高い溶液へ移動する．この濃度の高い溶液が水を引き込む力のことを**浸透圧**とよぶ．

　詳しく説明すると，水が濃度の低い溶液から高い溶液へ移動すると，濃度の高かった溶液の液面は上昇し，二つの溶液の間で液面に差（h）が生じる．この差をもとにもどすには，高くなったほうの液面を上から押し下げなくてはならない．このとき，液面が釣り合うまで押し下げるのにかかった圧力の大きさが浸透圧である．

　このように浸透現象とは濃度の差を小さくする方向に溶媒（水）が移動することであり，浸透圧は溶けているもの（溶質）によらず，濃度の差のみで決まる．

1-2　人体における浸透圧

　人のからだを考えるうえで，浸透圧は非常に重要である．その最大の理由は，からだを構成する細胞の細胞膜は半透膜だからである．この細胞膜をはさんで，細胞のなかは細胞内液で満たされており，細胞の外は細胞外液で満

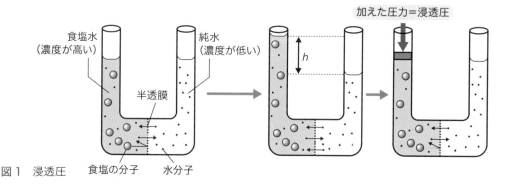

図1　浸透圧

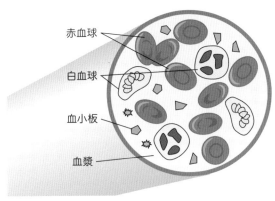

図2 血液の成分

たされている.

　たとえば，血液を考えてみよう．血液は**図2**のように液体成分である血漿のなかに，細胞成分である赤血球，白血球，血小板などが浮かびながら流れている．このなかで赤血球をみてみると，赤血球の細胞膜で隔てられた赤血球内の細胞内液は血漿と同じ浸透圧となっている．このように同じ浸透圧になっている溶液を**等張液**(isotonic)とよぶ(**図3**)．仮に，血漿のほうが赤血球内の細胞内液よりも濃度が低く，浸透圧が低ければ，血漿から赤血球に水が入り込んできて赤血球が膨張し，破裂してしまう．このように浸透圧が低い溶液を**低張液**(hypotonic)という．血漿の代わりに水のなかに赤血球を入れると，この膨張は限界を超えて赤血球自身が破壊されてしまう．このような現象を溶血という．また，逆に血漿の濃度が高く，浸透圧が高い場合は，赤血球中の水が細胞外へでていってしまう．このように浸透圧が高い溶液を**高張液**(hypertonic)という．水道水で目を洗ったときにしみて痛くなったり(眼球の細胞内へ水が入ってきて細胞が膨張する)，ナメクジに塩をかけると小さくなって(ナメクジの細胞から水がでてきてしぼんでしまう)死んでし

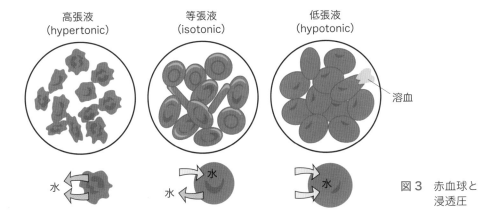

図3 赤血球と
浸透圧

まったりするのは，この浸透圧の違いが原因である．

　からだのなかでは前述のような細胞膜をはさんで成り立つ浸透圧のほかに，毛細血管の血管壁をはさんで成り立つ浸透圧がある．こちらはとくに区別する意味で**膠質浸透圧**とよばれる．毛細血管はからだの末端にあり，いろいろな物質を血管の内外で交換することが大きな役割である．そのため，血管壁には穴が開いており，比較的小さな分子やイオンが出入りしている．すなわち，この血管壁は半透膜になっているのである．したがって，血管壁を通ることができないタンパク質（とくにアルブミン）については，血管外の組織液は低張液になっており，血管内に水が入ってくるのである．この入ってきた水が血液の液体成分である血漿中の水分になっている．よって，低タンパク質血症（血液中のタンパク質濃度が低下している状態）では，水を十分に血管内に引き込むことができないため，水分が血管外に残ってしまって浮腫（むくみ）を生じたり，血管内脱水を引き起こしたりするのである．

1-3　浸透圧の表し方

　浸透圧の表し方にはいろいろな方法が使われる．たとえば，mmHg や気圧（atm）といった圧力の単位で直接表すことがある．また，濃度を用いて表すことも多い．1-1 項で紹介したとおり，浸透圧の大小は濃度の差で決まっているからである．しかし，ここで注意したいことがある．それは人体を考える場合，人体のなかにある水溶液は電解質溶液だということである．

　たとえば，非電解質のブドウ糖と電解質の塩化ナトリウムで考えてみよう．いまそれぞれを水 1 L に 1 mol 溶かしたとする．この場合，濃度はどちらも 1 mol/L である．しかし，ブドウ糖溶液では水のなかにブドウ糖分子が 1 mol 溶けている状態であるが，塩化ナトリウム溶液では，塩化ナトリウムが電離し，ナトリウムイオンが 1 mol，塩化物イオンが 1 mol，合わせて 2 mol のイオンが溶けている状態である．したがって，浸透圧はブドウ糖溶液に対して，塩化ナトリウム溶液は 2 倍の値になってしまう．そこで，電解質溶液の浸透圧を表すときには次のような**オスモル濃度（Osm）**という単位が使われる．

オスモル濃度（Osm）＝ モル濃度 × 電離したときの 1 分子あたりの粒子数

　なお，オスモル濃度は粒子数に注目した濃度であるから，先ほどの塩化ナトリウム溶液の例で電離した塩化ナトリウムが 80％しかなく，20％は電離しなかったとすると，オスモル濃度は以下のようになる．

$$1 \text{ mol/L} \times 2 \text{ 個} \times 0.8 (\%) + 1 \text{ mol/L} \times 0.2 (\%) = 1.8 \text{ Osm}$$

前述のような理由から，看護・医療の分野では一般的に浸透圧はオスモル濃度で表されており，使い勝手の面から Osm の 1000 分の 1 にあたるミリオスモル(mOsm)が多用されている．

2 　酸と塩基

2-1 　酸と塩基の定義

酸・塩基(アルカリ)は歴史的にたいへん古くから認知されてきた．その結果，**表1**のように複数の定義が存在する．そもそも酸・塩基の概念は水溶液についてのものであったが，時代が進むにつれて，水溶液以外にもあてはめられるようになってきた．その概念の拡張の歴史が**表1**である．看護・医療の分野で考えると，水溶液以外について酸・塩基という性質を考えることはあまりない．したがって，今後はとくに断りがないかぎりはアレニウスの定義にもとづいて考えていくこととする．

"塩基"と"アルカリ"
"塩基"と"アルカリ"は同じ意味で使われることが多いが，厳密には異なっている．塩基のなかで水に溶けるものをアルカリとよび，アルカリが溶けている水溶液の性質を"アルカリ性"という．

表1　酸・塩基の定義

	酸	塩　基
アレニウスの定義	水に溶けて H^+ を生じる物質	水に溶けて OH^- を生じる物質
ブレンステッドの定義	H^+ を与える物質	H^+ を受け取る物質
ルイスの定義	電子対を受け取る物質	電子対を与える物質

いま，電解質について考えてみる．5章でも紹介したとおり，電解質は水に溶けると電離し，イオンになる．このとき，水素イオン（H^+）を生じるものが酸であり，水酸化物イオン（OH^-）を生じるものが塩基である．たとえば，塩酸は水に溶けると次のようになる．

$$HCl \longrightarrow H^+ + Cl^-$$

つまり，塩酸は酸性の物質だということになる．また，水酸化ナトリウムは水に溶けると次のようになる．

$$NaOH \longrightarrow Na^+ + OH^-$$

つまり，水酸化ナトリウムは塩基性の物質だということになる．
また，塩酸は上記のように電離すると，1個の分子から1個の H^+ を放出する．一方，硫酸は以下のように電離し，1個の分子から2個の H^+ を放出する．

$$H_2SO_4 \longrightarrow 2H^+ + SO_4^{2-}$$

このように酸 1 分子中に含まれる水素原子のなかで，電離して H^+ になることができる水素原子の数を**酸の価数**という．したがって，塩酸は 1 価の酸，硫酸は 2 価の酸となる．同様に塩基についても，電離して OH^- になる数を**塩基の価数**という．酸や塩基はこの価数によって分類することができる（**表 2**）．

表 2　おもな酸と塩基

	価数	物質名	化学式
酸	1 価	塩酸	$HCl \longrightarrow H^+ + Cl^-$
	2 価	硫酸	$H_2SO_4 \longrightarrow 2H^+ + SO_4^{2-}$
	3 価	リン酸	$H_3PO_4 \longrightarrow 3H^+ + PO_4^{3-}$
塩基	1 価	水酸化ナトリウム	$NaOH \longrightarrow Na^+ + OH^-$
	2 価	水酸化バリウム	$Ba(OH)_2 \longrightarrow Ba^{2+} + 2OH^-$

2-2　酸・塩基の強さ

先に紹介した定義のように，酸であっても塩基であっても，水に溶けてイオンを生じる．この生じるイオンの量により酸・塩基の強弱が決まる．完全にイオン化する(電離する)ものを**強酸・強塩基**といい，イオン化する原子の量が少なければ少ないほど**弱酸・弱塩基**となる．

さらに定量的にこの酸・塩基の強さを表す方法に**水素イオン濃度**（さらにわかりやすく指数として表したものに水素イオン指数)がある．

まず酸性や塩基性の物質が溶ける前の純粋な水を考える．この水はよくみるとわずかではあるが電離しており，次のような式が成り立つ．

$$H_2O \rightleftharpoons H^+ + OH^-$$

右辺と左辺の間の矢印が両側を向いているのは，平衡状態を表していて，水から電離してイオンになる速度と，イオンが結合して水になる速度のバランスがとれている状態である．このような状態のときには，イオンの濃度は温度によって決まり，室温(25 ℃)では，水素イオン濃度($[H^+]$ と表す)は 1.0×10^{-7} mol/L となる．一方，上記の式をみると，右辺の水素イオンと水酸化物イオンの数は同数である．つまり，水素イオンの濃度と水酸化物イオンの濃度($[OH^-]$ と表す)は同じであり，その値は 1.0×10^{-7} mol/L となる．

ここで，水素イオンの濃度と水酸化物イオンの濃度の積をみてみよう．

$$[H^+] \times [OH^-] = (1 \times 10^{-7}) \times (1 \times 10^{-7}) = 1 \times 10^{-14}$$

この値は水のイオン積とよばれていて，水素イオン・水酸化物イオンのそれぞれの濃度が温度により一定の値となることから，この水のイオン積も一

定の値をとる．ここで重要な点は，このイオン積の関係は純粋な水だけでなく，一般的な水溶液中でも成り立つことである．すなわち，純粋な水＝中性であれば，先ほど書いたように[H⁺]＝[OH⁻]であるが，酸性の物質が溶けた水溶液でも塩基性の物質が溶けた水溶液でも，水素イオンと水酸化物イオンの濃度を掛け合わせると一定の値になるのである．当然，[H⁺]が高くなれば[OH⁻]は低くなり，[OH⁻]が高くなれば[H⁺]が低くなる．このように[H⁺]と[OH⁻]は反比例の関係（イメージ的にとらえるならシーソーのようなもので，片方が上がるともう片方は下がる）になっており，この反比例の関係を利用すると，塩基性の物質が溶けた水溶液についても[H⁺]を使って強弱を表すことができる．

以上をまとめると次のようになる．

中　性：水素イオン濃度 ＝ 1.0×10^{-7} [mol/L]

酸　性：水素イオン濃度 ＞ 1.0×10^{-7} [mol/L]

塩基性：水素イオン濃度 ＜ 1.0×10^{-7} [mol/L]

酸・塩基の強弱は水に溶けてどれだけ電離するかであるから，強酸ではたくさん電離し，その結果[H⁺]が高くなる．弱酸ではあまり電離せず，その結果[H⁺]は低く（純水に近く）なる．したがって，この[H⁺]を使えば，酸・塩基の強弱を定量的に表すことが可能になる．

しかし，問題が残る．それは，濃度は上記のように非常に小さな数値となっており，たいへん使いづらいということである．また，[H⁺]の変化の仕方をみてみると，たとえば，1.0×10^{-3} [mol/L]といった強酸から，1.0×10^{-10} [mol/L]のような強塩基まで，濃度の変化はたいへん広い範囲に及び，桁で変化しているのである．そこで酸・塩基の強弱を表すために，[H⁺]の桁の部分だけに注目し，これを指標として使えばたいへん使い勝手もよく，実態をよく反映したものとなる．この[H⁺]の桁の部分を**水素イオン指数**とよび，pHと表す．したがって，酸・塩基の強弱は次のようになる．

酸　性：水素イオン濃度 ＞ 1.0×10^{-7} [mol/L] ⇒ pH ＜ 7

中　性：水素イオン濃度 ＝ 1.0×10^{-7} [mol/L] ⇒ pH ＝ 7

塩基性：水素イオン濃度 ＜ 1.0×10^{-7} [mol/L] ⇒ pH ＞ 7

2-3　中和反応

酸と塩基が反応して，互いにその性質を打ち消し合うことを**中和反応**という．酸とは水溶液中でH⁺が生じている状態である．また，塩基とはOH⁻が生じている状態である．この二つの水溶液を混ぜ合わせるとH⁺とOH⁻

[H⁺]と[OH⁻]の関係

[H⁺]＝1×10^{-7}　[OH⁻]＝1×10^{-7}

酸　　　　塩基

[H⁺]高くなる　[OH⁻]低くなる
(H⁺が増える)　(OH⁻が減る)

酸　　　　塩基

[H⁺]低くなる　[OH⁻]高くなる
(H⁺が減る)　(OH⁻が増える)

酸　　　　塩基

pHの読み方

一般的には「ピーエイチ」と読まれることが多いが，JIS（日本工業規格）や計量法では「ピーエッチ」と読むのが正式である．もともとはドイツ語読みで「ペーハー」と読まれていたが，1957年にJISに登録されるときに英語読みの「ピーエッチ」になった．現在でも「ペーハー」と読む人も多く，どの読み方でもかまわない．pHの値と，代表的な酸性物質と塩基性物質について図4に示す．

	pH	食　品	化学物質 その他
強	1		バッテリー液 青インク，トイレ洗剤
	2	レモン 食酢	
酸性	3	炭酸飲料 オレンジ，ワイン	
	4	しょうゆ，ビール トマトジュース	酸性雨
	5	コーヒー，ほうれん草 バナナ	雨水
弱	6	牛乳，マグロ 鮭，カキ(牡蠣)	
中性	7	純水	
弱	8	卵白	海水
塩基（アルカリ）性	9		ベーキングソーダ
	10		セッケン水 酸化マグネシウム(胃薬)
	11		1％アンモニア水
	12	こんにゃく	石灰水
強	13		家庭用の漂白剤

酸性・塩基（アルカリ）性の強さ

図4　代表的な酸性物質と塩基性物質

が結合し，H_2O になる．つまり，酸でも塩基でもない中性の水になってしまうのである．また，酸性の水溶液にはもともと H^+ と結合していた物質が陰イオンとなって溶けているはずである．同様に，塩基性の水溶液にはもともと OH^- と結合していた物質が陽イオンとなって溶けているはずである．これらも混ぜ合わされたときに反応を起こす．このときできる化合物を**塩**とよぶ．たとえば次のような反応である．

$$HCl + NaOH \longrightarrow H^+ + Cl^- + Na^+ + OH^- \longrightarrow NaCl + H_2O$$

この式をまとめると，

$$酸 + 塩基 \longrightarrow 塩 + 水$$

となる．このような反応を中和反応とよび，身のまわりに意外とたくさん潜んでいる．

2-4 人体と酸・塩基

　水溶液の性質である酸・塩基を，人体という観点でみると，体液の性質を表している．つまり，これはからだの状態を表しており，pH が変化するということは，からだの状態が変化するということに等しい．

　人間のからだのなかは外部の環境と異なり，まわりの環境がどんなに変化してもほとんど変わらないようなメカニズムが備えられている．このようなメカニズムを**ホメオスタシス(恒常性)**とよぶ．酸・塩基に関してもこのホメオスタシスが成り立っていて，たとえば血液の pH は 7.40 ± 0.05 という非常に狭い範囲で保たれている(**表3**)．これはからだのなかに**緩衝作用**を起こす**緩衝系**とよばれるシステムがあるからである．緩衝作用とは，酸や塩基が加えられたときに pH の変化をできるだけ変化させないようにするはたらきのことで，とくに重要なのが重炭酸緩衝系である．重炭酸緩衝系とはからだのなかで酸が増えたときに，それを吸収し，水と二酸化炭素にしてしまうはたらきである．

$$H^+ + HCO_3^- \longrightarrow H_2CO_3 \longrightarrow H_2O + CO_2$$
　　　(重炭酸イオン)

　これらの物質は血液中に存在しており，たとえば激しい運動を行って筋肉

胃酸過多に効く薬は？

　胃酸が原因となる病気には，軽度の胃痛から胃潰瘍，十二指腸潰瘍，逆流性食道炎までいろいろなものがある．これらの病気の治療には，胃酸をコントロールすることが不可欠である．どのようにコントロールすればよいだろうか？ 考え方はいくつかあるが，一つは中和反応を利用することである．酸が多いのであれば，塩基を入れて中和してしまうという考え方だ．実際の胃薬では，塩基の一つである炭酸水素ナトリウムが利用されている．

$$NaHCO_3 + HCl \longrightarrow NaCl + H_2O + CO_2$$

この薬を服用すると，大量の二酸化炭素が発生するので，いわゆるゲップがでる．

　また，別の考え方として胃酸の分泌自体を押さえこんでしまうものがある．胃酸分泌抑制剤とよばれるものである．このなかには CM などでもよく見聞きする H2 ブロッカー（ヒスタミン H2 受容体拮抗薬）とよばれるタイプのものがある．H2 ブロッカーは胃粘膜の壁細胞に作用して過剰な胃酸の分泌を抑制する．

　薬とはこのように化学反応をうまく利用して効果を引きだすものである．薬の箱に書かれている成分や，薬そのもののはたらきをインターネットなどで調べてみるのもよい勉強になるだろう．

表3　体液の pH 値

体液	pH
胃液	1.0 〜 3.0
唾液	6.5 〜 7.5
腸分泌液	7.7
胆汁	7.8 〜 8.8
膵液	8
腟分泌液	3.8
尿	5.0 〜 8.0（通常は 6.0 前後）
母乳	6.8 〜 7.4
血液	7.35 〜 7.45
涙	8.2

アルカリ性食品と酸性食品
健康食品や美容食品の広告などでよく目にする言葉である．しかし，体内の酸塩基平衡はたいへん複雑な過程で調整されており，酸性食品ばかり食べていてもからだが酸性に傾くことはない．また，そもそもアルカリ性食品，酸性食品という分類自体に意味があるのかということも議論されている．

から乳酸が血液中に放出されたとする．すると前述の反応が進み，酸は二酸化炭素に変換されて，肺から放出される．逆に血液中の二酸化炭素濃度が上昇したときは，この逆の反応が進み，酸に変換されて二酸化炭素濃度の上昇を抑えている．

このようなはたらきがあるにもかかわらず，からだが酸性や塩基性に傾き，血液の pH が 7.40 ± 0.05 を突破してしまうことがある．この状態を**酸塩基平衡異常**といい，治療が必要になる．とくに血液の pH が 7.35 を下回る（酸性になる）ことをアシドーシス，7.45 を上回る（塩基性になる）ことをアルカローシスという．

問題

次の中和反応の化学反応式を答えよ．
① 塩酸と水酸化カルシウム
② 硫酸と水酸化カリウム

略解

① $2HCl + Ca(OH)_2 \longrightarrow CaCl_2 + 2H_2O$
② $H_2SO_4 + 2KOH \longrightarrow K_2SO_4 + 2H_2O$

本章のまとめ

　体液を水溶液としてみた場合に重要になるのが浸透圧と酸・塩基である．浸透圧とは半透膜をはさんで隣り合う二つの溶液の濃度差によって起こる現象であり，濃度差をなくす方向に水が移動する．表し方はオスモル濃度(Osm)を使うことが多い．

　酸・塩基は，電解質が水に溶けて電離したときに放出するイオンの種類によって定義されており，H^+ をだすものを酸，OH^- を放出するものを塩基という．また，酸・塩基の強さは水溶液中の H^+ の濃度を利用した水素イオン指数(pH)を使って表される．酸と塩基は混ぜると中和反応が起こり，水と塩が残る．この中和反応は体内の酸・塩基平衡を保ったり，胃酸が原因となる病気の治療などに利用されたりしている．

 まとめのワーク

1. 浸透圧とはどういうものか説明せよ．
2. 酸・塩基とはどういうものか説明せよ．
3. 水素イオン濃度とはどういうものかまとめよ．
4. 中和反応とはどういうものか説明せよ．
5. 人体について酸・塩基はどのようなことを意味しているかまとめよ．

●酸塩基平衡の異常と原因（看護師国家試験より）●

　血液(動脈血)は pH7.35 〜 7.45 の範囲に収まっている(ホメオスタシスという)．これから少しでも外れると，人はアシドーシス，アルカローシスという重篤な状態を呈する．その状態の重大性ゆえに，関連する知識が毎年のように看護師国家試験に出題されている〔2013年第 102 回国家試験(午前問題 29)〕．

●酸塩基平衡の異常と原因の組合せで正しいのはどれか．
1. 代謝性アルカローシス−下痢　　2. 代謝性アシドーシス−嘔吐
3. 代謝性アシドーシス−慢性腎不全　　4. 呼吸性アシドーシス−過換気症候群

　正答は 3 である．医療者にはアシドーシス，アルカローシスを早期発見し，その原因から適切な対処が求められる．

一般社団法人日本看護学校協議会会長　池西 静江

7章
からだは何からできているの？
―生きものを化学的にみてみよう―

本章のねらい

　前章までは「もの」の成り立ちについてみてきました．たいへんおおまかですが，化学の基礎を復習したことになります．さて，私たちが科学的にみていきたいもの，それは"人体"です．いわゆる「もの」と比べると少し違います．身のまわりにある「もの」を，生物に関係があるものと関係のないものに分けていく作業を行うと，みなさんもこの違いが何となくわかるはずです．生物をつくるものと，そうでないものはいったい何が違うのでしょうか？

　この章では，"人体"をつくるもの＝有機化合物に関する基礎知識をまとめていくことにしましょう．

理解するポイント

　次の項目を頭におきながら本文を読もう．学び終わったあとにこれらの質問に答えられるようになるのが目標だ！

① **有機化合物とはどういうものか？**

　○ 有機化合物とは，炭素を含む化合物．

　○ 有機化合物の特徴：(i) 構成する元素の種類が非常に少ない（C，H，O，N など），(ii) 有機化合物の種類は無限に近い，(iii) ほとんどが共有結合によってつくられている．

　○ 異性体：(i) 分子式が同じでも構造が異なる物質，(ii) 構造異性体，立体異性体がある．

② **有機化合物の分類の仕方はどういうものか？**

　○ 炭素骨格による分類．

　○ 官能基による分類．

③ **生体高分子の構造の特徴はどういうものか？**

　○ 生物を構成する巨大分子．

　○ 比較的単純なパーツ（構造単位）が多数合体している（アミノ酸, ブドウ糖, ヌクレオチドなど）.

④ **消化とはどういうものか？**

　○ 生体高分子をパーツ（構造単位）に分解するはたらき．

　○ 消化酵素による加水分解．

キーワード：有機化合物, 炭化水素, 炭素骨格, 官能基, 酵素

1 有機化合物とは？

1-1 有機化合物の特徴

19世紀のはじめまで，**有機化合物**は生物をつくっている物質であり，生物からのみ取りだせるものと考えられてきた．しかし1828年にドイツのウェーラーが尿素を合成して以来，有機化合物も人工的に生成できることがわかり，その見方が一変した．現在では，有機化合物は炭素を含む化合物であると定義されている．ただし，炭素の単体(ダイヤモンドや黒鉛)，一酸化炭素，二酸化炭素，炭素塩，シアン化物などは歴史的な過程で例外とされ，無機化合物に分類される．

有機化合物は，見た目だけでなく，化学的にも無機化合物とは大きく異なっている．おもな違いは次のようになる．

- 構成する元素の種類が非常に少ない(C，H，O，Nなど)．
- 構成元素が少ないにもかかわらず有機化合物の種類は無限に近い．
- 無機化合物は3種類の原子間の結合(共有結合，イオン結合，金属結合)によってつくられているが，有機化合物ではほとんどが共有結合によってつくられている．

なぜこのような違いが生じるのか．それは有機化合物の骨格をつくる炭素の性質に秘密がある．炭素は原子番号が6であり，最外殻はL殻である．L殻に収容できる電子の数は8個であるが，炭素の場合はここに電子が4個入った状態にある．そして，空席は4個ある．つまり，収容できる電子の総数の，ちょうど半分の電子が存在しているというわけである(図1)．したがって，電子を放出して陽イオンになることも，あるいは電子を受け取って陰イオンになることも困難である．その結果，化合物をつくるときには共有結合によってつながっていくこととなる．また，空席が4個あることから，共有結合のなかでも単結合だけでなく，二重結合も三重結合も選択することができ，それゆえにたいへん多様な化合物を生みだすのである．

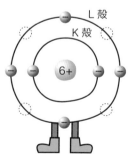

図1 炭素の電子配置

1-2　異性体

有機化合物の多様性の一つに**異性体**という性質がある．これは，分子式は同じであるが，構造が異なるため性質が異なる化合物のことで，このような関係にある化合物を互いに異性体であるという．

異性体は，構造の違いから次の**図2**のように分類することができる．一つは原子の結合の順序が異なる，つまり，構造式が異なる構造異性体であり，もう一つは，構造式は同じだが立体的な構造が異なる立体異性体である．立体異性体はさらに幾何異性体と鏡像異性体に分けられる．

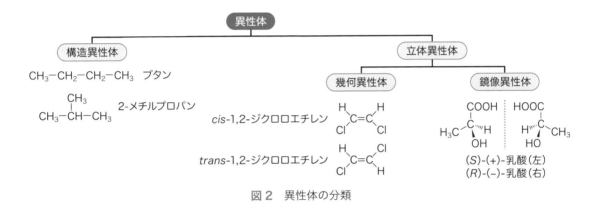

図2　異性体の分類

問題

C_2H_6O の構造異性体はいくつあるか．また，その構造式を示せ．

解答

二つある．

```
    H  H              H        H
    |  |              |        |
H—C—C—O—H       H—C—O—C—H
    |  |              |        |
    H  H              H        H
   エタノール        ジエチルエーテル
```

2　分類法と表し方

2-1　炭素骨格による分類

1節でも紹介したように，有機化合物の種類は非常に多い．したがって，効率的に分類し，命名することが重要になる．ここでは有機化合物のなかでも，構成元素が炭素と水素だけの**炭化水素**を取り上げ，その分類および命名の仕方について紹介する．すべての有機化合物の分類および命名の基本がこの炭化水素である．

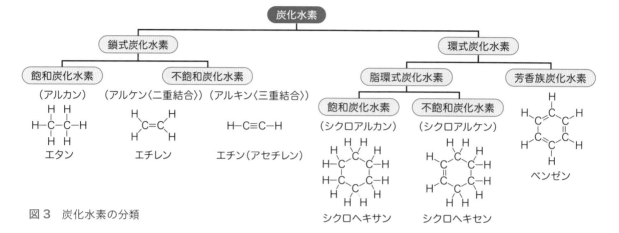

図3　炭化水素の分類

ベンゼン環
炭素6個が環状に結合したもので，単結合と二重結合を交互に繰り返している．構造式としては"亀の甲"とよく表現され，次のような記号で表される．

ベンゼンの構造

構造式　　略記号

芳香族は単結合と二重結合の両方をもつということで，これだけでひとくくりにされている

飽和と不飽和
二重結合や三重結合が含まれている場合，この結合部に水素を反応させて，炭素間の結合を単結合とし，炭素－水素という結合をつくることができる．つまり，二重結合や三重結合の含まれている化合物を"不飽和"化合物とよぶのは，水素に関して飽和していないという意味である．

　炭化水素の分類を**図3**にまとめた．炭化水素にかぎらず，有機化合物は炭素が構造全体の骨格を形づくる．炭化水素の分類は，この炭素骨格に注目して行われる．注目するポイントは二つある．一つは形状であり，直線状か円形かということである．炭素の結合が直線状に伸びているものを鎖式炭化水素とよぶ（化学の分野では直線状の構造をしばしば"鎖"と表現することがある）．これに対して炭素の結合が円形になっているものを環式炭化水素とよぶ．また，もう一つは結合であり，単結合か二重結合，三重結合が含まれるかということである．炭素と炭素の結合がすべて単結合のものを飽和炭化水素とよぶ．これに対して二重結合，三重結合が含まれているものを不飽和炭化水素とよぶ．これらを組み合わせることにより基本的な分類が行われている．

2-2　命名法

　化学物質の命名には，国際純正応用化学連合（IUPAC）が定めるIUPAC命名法が国際的な基準として使われている．ここでは2-1項と同様に炭化水素を例にして，多様な有機化合物の命名の仕方について，その基本的な考え方を紹介する．

　炭化水素では慣用名（通称）をもつ特例を除いて，炭素の数を表すギリシア語の数詞（**表1**）と炭素骨格により分類されたグループ名（アルカンやアルケンなど）に由来する語尾（**表2**）を組み合わせて命名される．

　たとえばアルカンでは**表3**のようになる（ただし，C＝1〜C＝4までは慣用名である）．これらに対して，アルケンやアルキンであれば，語尾が**表2**のように変化するので，たとえばC＝2であれば，アルケンの場合はエテン（ethene），アルキンの場合はエチン（ethyne）となる．

表1　数　詞

1	モノ	mono-	9	ノナ	nona-
2	ジ	di-	10	デカ	deca-
3	トリ	tri-	11	ウンデカ	undeca-
4	テトラ	tetra-	12	ドデカ	dodeca-
5	ペンタ	penta-	20	イコサ	icosa-
6	ヘキサ	hexa-	21	ヘンイコサ	henicosa-
7	ヘプタ	hepta-	22	ドコサ	docosa-
8	オクタ	octa-	多	ポリ	poly-

表2　語尾変化

アルカン	-ane
アルケン	-ene
アルキン	-yne

表3　アルカンの名称

C = 1	メタン	methane	C = 6	ヘキサン	hexane
C = 2	エタン	ethane	C = 7	ヘプタン	heptane
C = 3	プロパン	propane	C = 8	オクタン	octane
C = 4	ブタン	butane	C = 9	ノナン	nonane
C = 5	ペンタン	pentane	C = 10	デカン	decane

世界ではじめて人工的に合成された医薬品

　環式炭化水素のなかで，ベンゼン（C_6H_6）を含むものを芳香族炭化水素という．さらにその化合物を芳香族化合物とよぶ．芳香族化合物で，ぜひ取り上げておきたいものにサリチル酸がある．サリチル酸はベンゼン環にカルボキシ基（–COOH）とヒドロキシ基（–OH）が結合したもので，19世紀には鎮痛剤として利用された．もともとサリチル酸は柳の樹皮から抽出されたもので，柳の樹皮に鎮痛作用があることは紀元前から知られていた．サリチル酸は薬効があるが，副作用として胃腸障害を引き起こす可能性も高かったため，副作用を抑えた物質の開発が行われた．そして，1897年にドイツのバイエル社のフェリックス・ホフマンによって，サリチル酸に無水酢酸を反応させたアセチルサリチル酸が開発された．これは世界ではじめて人工的に合成された医薬品で，アスピリンと名づけられた．アスピリンは現在でも解熱・鎮痛剤，あるいは抗血小板薬として広く使われている〔たとえば，LION（株）のバファリンはアスピリンが主成分の解熱・鎮痛剤〕．

サリチル酸　　無水酢酸　　アセチルサリチル酸　　酢酸

2-3　官能基

2-1 項と 2-2 項では炭化水素の分類・命名についてみてきたが，ここでは炭化水素以外の有機化合物についての分類・命名についてみてみよう．炭化水素以外の有機化合物は，炭化水素の一部の水素が別の原子に置き換わっているものととらえることができる（図4）．このように置き換わった部分を中心としたまとまりを置換基とよぶ．つまり，一般的な有機化合物は，

置換基　＋　炭化水素

という構造になっているととらえるのである．このようにみることによって，命名の仕方についても，炭化水素の命名法を流用し，置換基の部分と炭化水素の部分を組み合わせることが可能である（もちろんこのような命名の仕方に則らず，固有名がつけられているものも多々ある）．

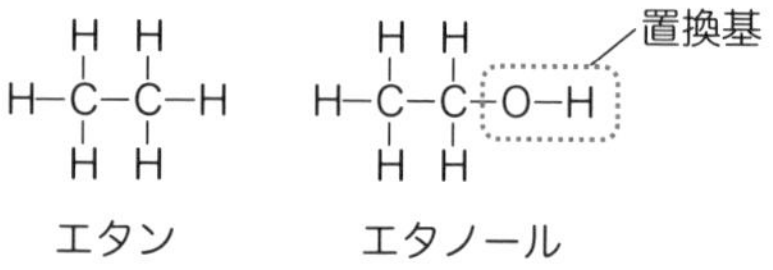

図4　置換基の例
エタンの H が OH に置き換わっているものととらえることができる．

たとえば，先ほどの図3にあった H が OH というかたまり（ヒドロキシ基）に置換したものをアルコールというが，最も単純な炭化水素である CH_4（メタン）の H が置換した CH_3OH をメタノール（メタン＋アルコール）という（図5）．先ほどの C_2H_6（エタン）の H が置換した C_2H_5OH はエタノール（エタン＋アルコール）である．

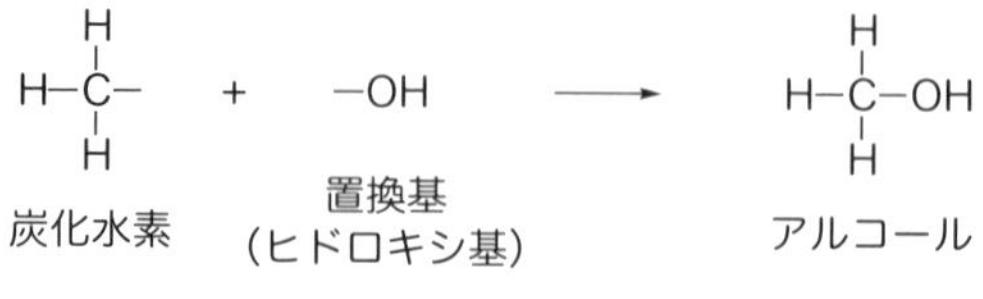

図5　置換基＋炭化水素

アルコールは H が OH に置き換わることによって，誰もが想像できるようなアルコール特有の性質を示す．さらに炭化水素の部分の大きさ（炭素の数）にはかかわりなく，その性質はよく似たものになる．つまり，お酒（＝エタノール）を飲むと酔っ払うが，メタノールでも酔っ払うのである．そして，同様にからだにとっては有毒である．このように，置換基のなかには，分子全体からみると小さな部分であるにもかかわらず，分子全体の性質を決定するものがある．このような置換基をとくに**官能基**とよぶ．代表的な官能基と

メタノール
第二次世界大戦後の混乱期に変性アルコール（飲用できないようにエタノールにメタノールを混ぜたもの）を原料とした密造酒が販売されていた．エタノールとメタノールは沸点が異なるため，分離することができる．密造酒はこの分離したエタノールからつくられたものである．しかし，分離が不十分なものがでまわったためにメタノール中毒が頻発し，さらにメタノールを水で薄めただけのカストリ酒と呼ばれるものまででまわり，失明や死亡事故が多く発生した．

表4 おもな官能基

官能基の種類		化合物の一般名	化合物の例
ヒドロキシ基	—OH	アルコール	エタノール C₂H₅OH
		フェノール類	フェノール C₆H₅OH
アルデヒド基	—C(H)(=O)	アルデヒド	アセトアルデヒド CH₃CHO
カルボニル基 (ケトン基)	C=O	ケトン	アセトン CH₃COCH₃
カルボキシ基	—C(OH)(=O)	カルボン酸	酢酸 CH₃COOH
エーテル基	—O—	エーテル	ジメチルエーテル CH₃OCH₃
エステル基	—C(=O)—O—	エステル	酢酸メチル CH₃COOCH₃
アミノ基	—NH₂	アミン	アニリン C₆H₅NH₂
ニトロ基	—NO₂	ニトロ化合物	ニトロベンゼン C₆H₅NH₂
スルホ基	—SO₃H	スルホン酸	ベンゼンスルホン酸 C₆H₅SO₃H

その例を**表4**に示す.

2-4 有機化合物の反応

有機化合物の反応にはいろいろなものがあるが,代表的なものに以下のような反応がある.それぞれの大まかな特徴をとらえておくと全体の見通しがついてわかりやすい.

① **置換反応**:有機分子中の原子や原子団が置き換わる反応.
② **付加反応**:有機分子に簡単な分子が付加する反応.
③ **脱離反応**:有機分子から簡単な分子が離れる反応,付加反応の逆反応.
④ **酸化還元反応**:有機分子と酸素が化合する,または水素がはずれる反応を酸化反応といい,有機分子から酸素がはずれる反応,または水素が化合する反応を還元反応という.

これらのなかで,有機化合物の反応の特徴をよく表している例としてアルコールの酸化をあげておく.身近な例としては,飲みかけのワインを数日放置しておくと,酸っぱくなっていることがある.あるいは,コルクを抜いてすぐの赤ワインの味と,しばらくそのまま置いたものでは,味が違ってくることも知られている.ワイン(=エタノール)は空気に触れ,酸化反応することによって,アセトアルデヒドに変わる.そして,さらにこれが酸化反応す

二日酔い
アルコールを体内に入れると代謝される.この代謝とは酸化のことで,エタノールを飲むと体内でアセトアルデヒドに酸化し,さらに酢酸に酸化するのである.アセトアルデヒドは毒性が高く,これが体内にあると頭痛,嘔吐,吐き気といった症状がでる.これがいわゆる二日酔いの状態である.

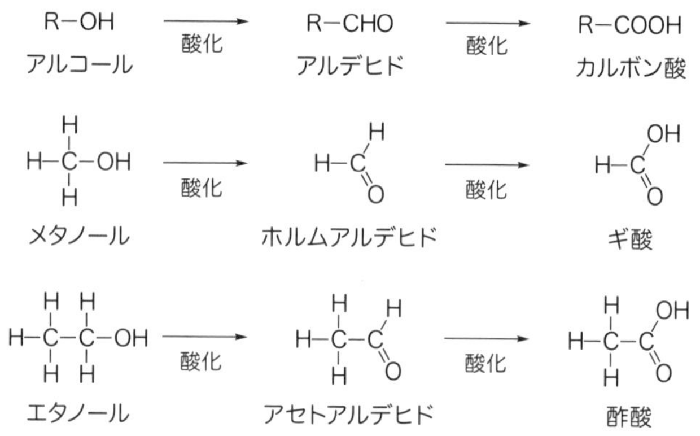

R–OH　　　——酸化→　　　R–CHO　　　——酸化→　　　R–COOH
アルコール　　　　　　　　　アルデヒド　　　　　　　　カルボン酸

$$\underset{\text{メタノール}}{\overset{\displaystyle H}{H-\overset{\displaystyle |}{\underset{\displaystyle |}{C}}-OH}} \quad \xrightarrow{\text{酸化}} \quad \underset{\text{ホルムアルデヒド}}{\overset{\displaystyle H}{H-\overset{\displaystyle |}{C}}_{\displaystyle =O}} \quad \xrightarrow{\text{酸化}} \quad \underset{\text{ギ酸}}{H-C\overset{\displaystyle OH}{_{\displaystyle =O}}}$$

図6　有機化合物の反応の例

$$\underset{\text{エタノール}}{H-\overset{H}{\underset{H}{C}}-\overset{H}{\underset{H}{C}}-OH} \quad \xrightarrow{\text{酸化}} \quad \underset{\text{アセトアルデヒド}}{H-\overset{H}{\underset{H}{C}}-\overset{H}{C}_{=O}} \quad \xrightarrow{\text{酸化}} \quad \underset{\text{酢酸}}{H-\overset{H}{\underset{H}{C}}-C\overset{H\,OH}{_{=O}}}$$

ると，酢酸（＝お酢）に変化するのである．

　エタノールはヒドロキシ基をもつ“アルコール”である．エタノールとは炭素の数が異なるアルコールの場合，この反応はどうなるだろうか．炭素の数が一つのメタノールで考えると，図6のようにエタノールと同様に官能基の部分で反応が生じる．そのため，アセトアルデヒドとは炭素数が異なるホルムアルデヒドとなり，さらにギ酸となる．このように炭素数が異なっていても，官能基部分で反応が進むと，炭化水素部分が異なるだけで，一般名が同じ物質が生成されていくことになる．

3　生体高分子の構造

3-1　生体高分子とは？

　有機化合物のなかで，とくに生物のからだをつくっているものをまとめて生体高分子という．具体的にはタンパク質，糖質，脂質，核酸などがある．これら生体高分子の構造に共通する特徴は，次の二つである．

・分子量が大きな巨大な分子．
・比較的単純なパーツ（構造単位）が繰り返し多数合体している（アミノ酸→タンパク質，ブドウ糖→糖質，ヌクレオチド→核酸など）．

　次項では，これらをそれぞれ取り上げて，その構造を簡単に説明する．

3-2　アミノ酸とタンパク質

　タンパク質とは人体そのものをつくっている物質である．たとえば，皮膚，骨，髪の毛，血液などである．皮膚は化粧品のCMなどでよく知られているコラーゲン，骨もコラーゲンがおもな成分で，ここにカルシウムが合体してでき上がっている．髪の毛はケラチン，血液のなかの赤血球はヘモグロビ

タンパク質の種類
構造タンパク質：からだの構造
　を形成する．
例）コラーゲン…骨，皮膚
　　ケラチン…爪，毛髪
　　ミオシン，アクチン…筋肉
機能タンパク質：からだのなか
　の化学反応に関係する．
例）ヘモグロビン…酸素の輸送
　　アルブミン
　　　…水分の保持，物質の運搬
　　グロブリン…免疫機能
　　アミラーゼ（酵素）
　　　　　…化学反応を触媒
　　インスリン（ホルモン）
　　　　　…生理機能を調整

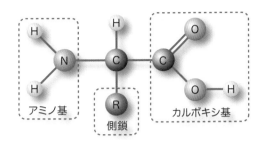

図7 アミノ酸の構造

ンからできている．このコラーゲンやケラチン，ヘモグロビンはすべてタンパク質である．さらには酵素や免疫物質，ホルモンもタンパク質からできている．

　タンパク質はさらに小さなパーツに分けることができる．それが**アミノ酸**である．アミノ酸は図7のような構造をしており，中央の炭素化合物にアミノ基($-NH_2$)とカルボキシ基($-COOH$)が結合した物質である．そして，中央の炭素に結合している側鎖 (R) とよばれる部分には，人体を構成するアミノ酸の場合は20種類のパーツが結合することができる．そのため，アミノ酸は側鎖にどのようなパーツが結合するかにより，20種類存在することになる(図8)．

　アミノ酸はほかのアミノ酸と合体することができる．すなわち，図9のように二つのアミノ酸の片方のアミノ基と，もう片方のカルボキシ基からH_2Oがはずれて結合する（脱水縮合）．このような結合を**ペプチド結合**とよぶ．そして，このように二つのアミノ酸が結合したものを**ジペプチド**とよぶ．

　さらにアミノ酸の連結が約50個以上つながっているものをタンパク質とよぶ．アミノ酸は前述のとおり20種類あるので，仮にアミノ酸100個からなるタンパク質があったとして，それらの組合せや配列の順番によって非常に多様な種類となる．さらにアミノ酸の連結は，原理的にはいくつでも可能なので，タンパク質の種類は数学的には無限ということになる（現実には数千万種という説がある）．

　このようなタンパク質の構造は，新幹線のような列車に例えるとわかりやすい（図10，☞1章1-2項参照）．タンパク質を食べ，消化や吸収し，さらに自分自身のからだとなる一連の生命活動を考えるとき，この列車のイメージはたいへん参考になる．このように具体的なイメージをもって理解していくことは非常に重要である．

ペプチド
アミノ酸が二つ連結したものをジペプチド，三つでトリペプチド，さらにたくさんつながったものをポリペプチドとよぶ．ペプチド（とくにポリペプチド）とタンパク質に明確な違いはなく，慣習としてアミノ酸が50〜100個以上のものをタンパク質とよぶ．

物質の"見方"
化学を学んでいくと，非常に多くの物質と出会うことになる．それらを理解して行くうえで，わかりやすい"見方"がある．それは"構造"と"はたらき"という二つの視点でみることである．生体高分子ならば，生体内でのおもなはたらきとして"代謝"に注目するとよい．

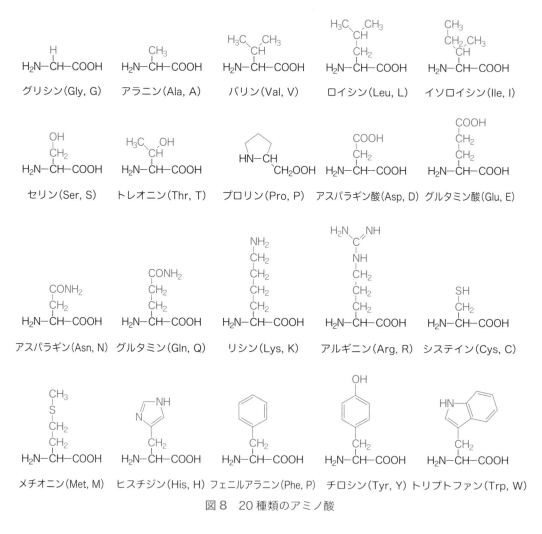

グリシン（Gly, G）　　アラニン（Ala, A）　　バリン（Val, V）　　ロイシン（Leu, L）　　イソロイシン（Ile, I）

セリン（Ser, S）　　トレオニン（Thr, T）　　プロリン（Pro, P）　　アスパラギン酸（Asp, D）　グルタミン酸（Glu, E）

アスパラギン（Asn, N）　グルタミン（Gln, Q）　　リシン（Lys, K）　　アルギニン（Arg, R）　　システイン（Cys, C）

メチオニン（Met, M）　ヒスチジン（His, H）　フェニルアラニン（Phe, P）　チロシン（Tyr, Y）　トリプトファン（Trp, W）

図8　20 種類のアミノ酸

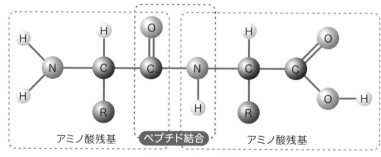

図9　ペプチド結合

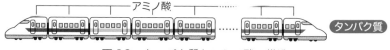

図 10　タンパク質とアミノ酸の構造

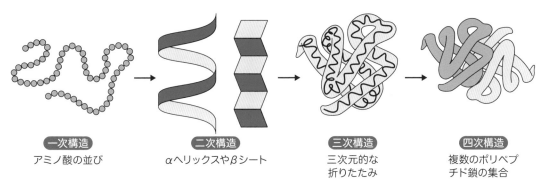

<u>一次構造</u>
アミノ酸の並び

<u>二次構造</u>
αヘリックスやβシート

<u>三次構造</u>
三次元的な
折りたたみ

<u>四次構造</u>
複数のポリペプ
チド鎖の集合

図11　タンパク質の高次構造

　アミノ酸が新幹線のように連結してでき上がった構造をタンパク質の一次構造とよぶ．タンパク質は非常にたくさんのアミノ酸が連結したものなので，この一次構造だけでなく，二次構造，三次構造，ものによっては四次構造というさらなる構造を形成して折りたたまれ，コンパクトにまとめられている．

　4章でも紹介したように，二次構造とはこのアミノ酸の長い鎖が水素結合によってらせん状（αヘリックス）になったり，ひだ状（βシート）になったりしている構造を指す．さらに，三次構造とはイオン結合，水素結合，S-S結合(ジスルフィド結合)，疎水結合によって，複雑に折りたたまれている構造である．三次構造は，いわば長い毛糸を手のひらでくしゃくしゃと丸めたようなイメージである．四次構造は，この三次構造をもつ毛糸のかたまりの集合体である．三次構造をもつアミノ酸の鎖(ポリペプチド)をサブユニットとよび，このサブユニットが立体的に配列したものが四次構造である．たとえば，ヘモグロビンは2種類のポリペプチドが2個ずつ，計4個のサブユニットが集まってできている．体内で生理機能に関連しているタンパク質には，このように四次構造をとってはじめてその機能を発揮するものが多い(図11)．

3-3　糖　質

　糖質は，タンパク質などに比べてすぐにエネルギーに変換することができる物質で，生命活動のエネルギー源となっている．とくに脳は血液中のブドウ糖しかエネルギー源として利用できないため，医療の現場では，栄養補給(エネルギーの補給)のためにブドウ糖点滴が行われる．

　糖質の構造はタンパク質と同様にパーツの組合せになっている．そのパーツが**単糖**であり，具体的には**ブドウ糖**(**グルコース**，図12)，果糖(フルクトース)，ガラクトースなどがある．単糖が二つ結合したものが**二糖**であり，アミノ酸どうしの結合と同様に，H_2O がはずれることにより結合する（脱水縮

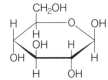

図12　ブドウ糖
の構造

糖と糖質
これら二つの言葉は同じ意味で使われることが多いが，厳密には異なっており，"糖質（炭水化物）"よりも"糖"のほうが広い概念である．ここでは文字どおり"糖質（炭水化物）"の意味で用いる．

炭水化物
糖質は化学式で $C_n(H_2O)_n$ と書くことができる．つまり，炭素と水の化合物ということであり，そのため"炭水化物"とよばれることもある．

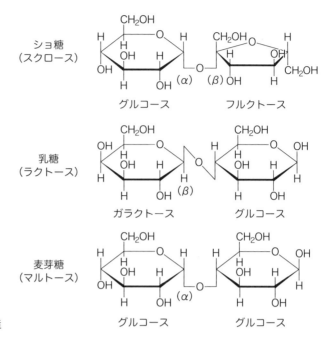

ショ糖 （スクロース）		
	グルコース	フルクトース

乳糖 （ラクトース）		
	ガラクトース	グルコース

麦芽糖 （マルトース）		
	グルコース	グルコース

図13　二糖の構造

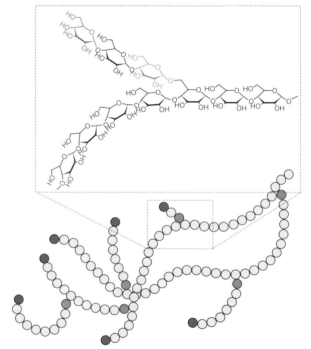

図14　グリコーゲンの構造

合）．この結合を**グリコシド結合**とよぶ．できあがった二糖には，図13に
あるショ糖（スクロース），乳糖（ラクトース），麦芽糖（マルトース）などがあ
る．二糖はさらに結合し，デンプンやグリコーゲン（図14）などの**多糖**とな
る．多糖はいずれもブドウ糖が多数結合したものであり，その意味ではタン

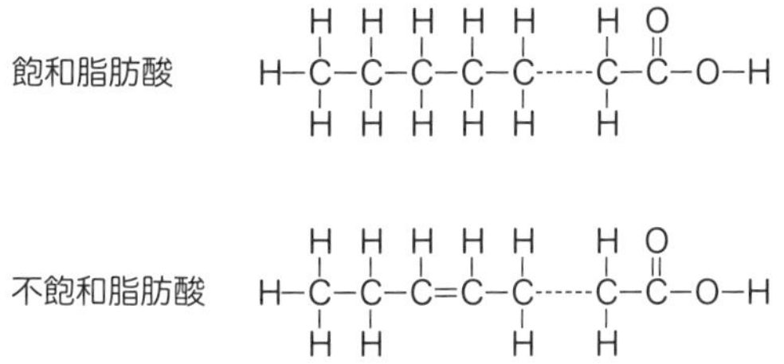

```
                    H H H H H   H O
飽和脂肪酸      H–C–C–C–C–C ⋯⋯ C–C–O–H
                    H H H H H   H
```

```
                    H H H H H   H O
不飽和脂肪酸    H–C–C–C=C–C ⋯⋯ C–C–O–H
                    H H   H   H
```

図15　脂肪酸の構造

パク質によく似ているが，タンパク質のように一直線に結合するだけでなく，枝分かれをつくるのが大きな特徴である．

3-4　脂　質

　脂質とは糖質と同様に，生命活動のエネルギー源となったり，からだをつくったりしている物質である．

　脂質は「生体内にあって水に溶けない物質」と定義されている．したがって，タンパク質や糖質のように構造で分類されているわけではない．しかし，多くの脂質は脂肪酸を含んでおり，**脂肪酸**というパーツを中心に組み上がっている物質ということができる．

　脂肪酸は直鎖の炭化水素にカルボキシ基が合体した形をしており，炭素間の結合がすべて単結合でできあがっている飽和脂肪酸と，二重結合が含まれている不飽和脂肪酸に分けられる（**図15**）．飽和脂肪酸は動物脂に多く含まれており，不飽和脂肪酸は植物油や魚の脂に多く含まれている．いろいろな脂肪酸とその特徴を**表5**にまとめておく．最近，健康食品として注目されているリノール酸やDHA，EPAも脂肪酸の仲間である．

　この脂肪酸が**グリセロール（グリセリン）**と結合したものを**グリセリド**といい，一般的には**中性脂肪**とよばれる（**図16**）．グリセロールに結合する脂肪酸の数は1〜3個の場合があり，それぞれモノグリセリド，ジグリセリド，トリグリセリドとよばれるが，人体のなかにある中性脂肪はほとんどがトリグリセリドであるため，中性脂肪 ＝ トリグリセリドとされることが多い．グリセロールと脂肪酸の結合は図のように脱水縮合であり，**エステル結合**という．また，トリグリセリドの一つの脂肪酸が**リン酸**に置き換わったものが**リン脂質**であり，細胞膜のおもな成分である．

　細胞膜の成分にはこのほかにコレステロールがある．コレステロールも脂質に分類されるが，上記のような脂肪酸を中心とする物質とはまったく異なる構造をしている．コレステロールは動脈硬化をはじめとするいろいろな病気の原因になるため，人体にとっては悪者のイメージがあるが，胆汁の成分になったり，ホルモンの材料になったりたいへん重要な物質である．

表5　いろいろな脂肪酸

分類			おもな脂肪酸	代表的な食品	特　徴
飽和脂肪酸			酪酸	バター	おもにエネルギー源となる.とりすぎるとLDL（悪玉）コレステロールが増加し，動脈硬化の原因となる.
			ラウリン酸	ヤシ油，ココナッツ油	
			ミリスチン酸	ヤシ油，パーム油	
			パルミチン酸	バター，牛や豚の脂	
			ステアリン酸	牛や豚の油	
不飽和脂肪酸	一価不飽和脂肪酸		オレイン酸	オリーブ油，菜種油（キャノーラ油），牛や豚の油など	血液中のコレステロールを減少.酸化されにくい.HDL（善玉）コレステロールを増やし，LDLコレステロールを減少させる.胃酸の分泌を調整する.
	多価不飽和脂肪酸	n-6系	リノール酸	紅花油（サフラワー油），ひまわり油，綿実油，コーン油，大豆油など，多くの植物油	必須脂肪酸.血圧・免疫系を調整する.LDLコレステロールを減少させる.とりすぎるとHDLコレステロールも減少させ，アレルギー，動脈硬化を招くことがある.
			γ-リノレン酸	母乳	
			アラキドン酸	レバー，卵白，サザエ	
		n-3系	α-リノレン酸	シソ油，エゴマ油，アマニ油	必須脂肪酸.抗血栓作用がある.HDLコレステロールを増やし，LDLコレステロールを減少させる.高血圧や高脂血症を予防する.
			EPA（エイコサペンタエン酸*）	サンマ，マイワシ，ハマチ，ブリ，ウナギ，マグロ，サバ	
			DHA（ドコサヘキサエン酸）	サンマ，マグロ，ハマチ，ブリ，ニジマス，ウナギ，サワラ	

＊ イコサペンタエン酸ともよばれる.

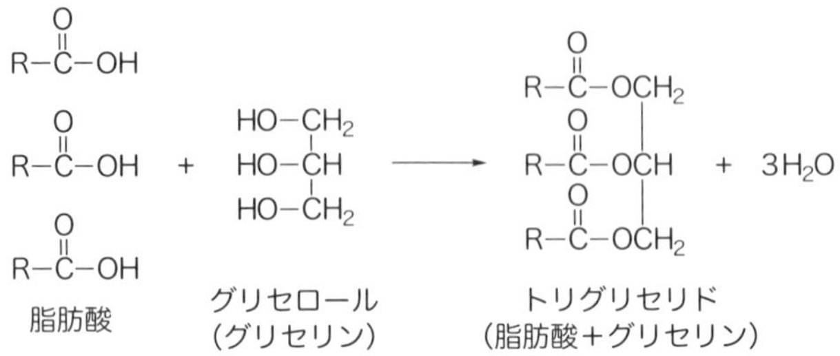

図16　中性脂肪　　脂肪酸　　グリセロール（グリセリン）　　トリグリセリド（脂肪酸＋グリセリン）

3-5　核　酸

　核酸は，人体の設計図である遺伝情報を記録したり，そこから具体的な部品を製作することに関与したりしている物質である.

　核酸は**ヌクレオチド**（図17）とよばれる基本構造が多数連結したものである．ヌクレオチドはさらに**リン酸，糖，塩基**の三つのパーツが合体することによりできている．糖は2種類，塩基は5種類のものが存在し，それらの組合せにより8種類のヌクレオチドが存在する（図18）．糖がデオキシリボースの場合**デオキシリボ核酸（DNA）**とよばれ，リボースの場合は**リボ核**

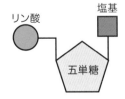

図17　ヌクレオチドの構造

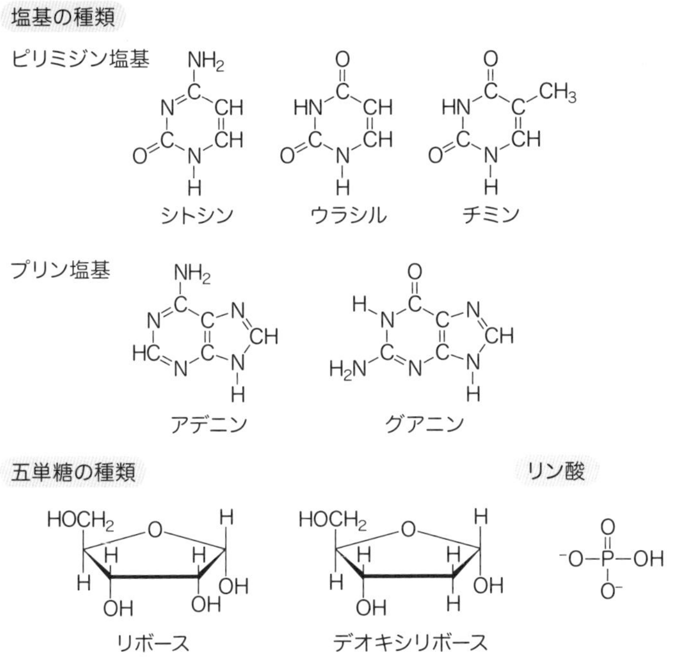

塩基の種類

ピリミジン塩基

シトシン　　　ウラシル　　　チミン

プリン塩基

アデニン　　　　グアニン

五単糖の種類　　　　　　　　　　　　　　　　　リン酸

リボース　　　　デオキシリボース

図 18　塩基と糖の種類

酸（RNA）とよばれる．それぞれの核酸での構成物質を**表 6**にまとめておく．

DNA はこれら 4 種類のヌクレオチドが図のように直線状につながっている．さらに塩基が別の塩基と結合し，二重の鎖となっている（**図 19**）．この塩基どうしの結合は，4 章でも紹介したように水素結合であり，アデニンとチミン，グアニンとシトシンというペアでのみ結合する（相補的結合）ことができる．この塩基どうしのペアを塩基対とよぶ．人間の場合，1 個の細胞のなかに 46 本の染色体があり，これは約 60 億個の塩基対からできている．そしてこの二重の鎖は，ねじられることによってコンパクトにまとめられており，二重らせんの構造となっているのである．

また，RNA は**図 19**のように 1 本の鎖となっており，相補的結合の特徴を利用して DNA から遺伝情報を写し取ったり，塩基 3 個からアミノ酸 1 個を指定することによってアミノ酸合成において重要な役割を果たしている．

ヌクレオチドには遺伝情報にかかわるものだけでなく，生体内でエネル

DNA と RNA の関係
これらがどのように組み合わさり，どのように機能するかの詳細は，生物や生化学などの教科書を参照．

表 6　核酸の構成物質

種類	糖	塩基		リン酸
		プリン	ピリミジン	
DNA	デオキシリボース	アデニン（A） グアニン（G）	チミン（T） シトシン（C）	リン酸
RNA	リボース	アデニン（A） グアニン（G）	ウラシル（U） シトシン（C）	リン酸

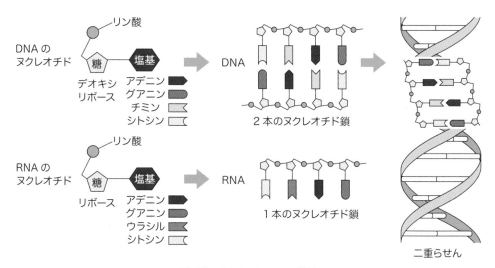

図19 DNA・RNA の構造

ギーを保存したり，放出したりするのに使われているものがある．それが
ATP と ADP である（図20）．塩基のところにアデニンが，糖のところにリボー
スが入り，リン酸が直鎖状に三つ連結したものが **ATP（アデノシン三リン
酸）**，二つ連結したものが **ADP（アデノシン二リン酸）** である．リン酸が結
合したり離れたりすることにより，エネルギーを保存したり放出したりして
いる．

　これら遺伝情報に関与している DNA と RNA，エネルギーに関与してい
る ATP と ADP とそれらのしくみは，人体だけにかぎった話ではなく，地
球上に存在しているすべての生物が共通してもっており，それゆえに地球生
命はすべて共通の祖先から進化してきたものだと考えられているのである．

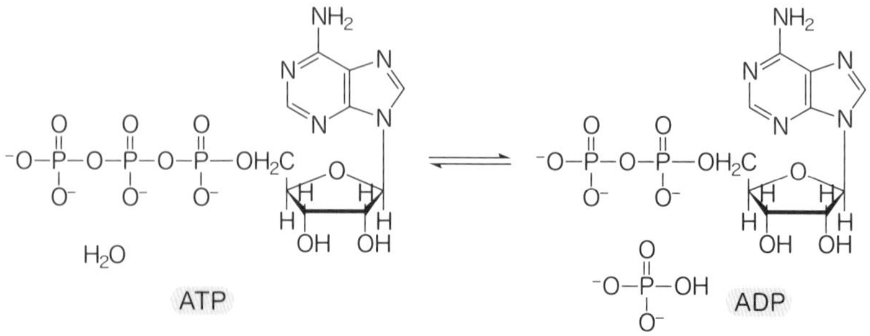

図20 ATP と ADP

4　消化と酵素

4-1　消化とは？

　人間が生きていくためには，食べることによって栄養分を体内に吸収する必要がある．栄養分は本章でみてきたように，おもに3種類の生体高分子でできている．このような巨大分子をそのまま体内に取り入れることはできないため，人間は消化器官から**消化酵素**を分泌し，この巨大分子を吸収できるサイズにまで小さくしている．このような活動を一般に**消化**とよぶ．

　それぞれの生体高分子は，それぞれの構成要素までバラバラにされて腸壁から吸収される．この構成要素とは，よく原子のレベルと思われがちであるが，それはエネルギー的に不可能である．つまり，人体の温度は36 ℃しかなく，この程度のエネルギーでは分子のレベルまでしか分解することができない．仮に原子のレベルまでバラバラにしようとするならば，バーナーであぶったフラスコのなかのような状態にしなくてはならない．

4-2　消化酵素と分解生成物

　消化酵素はおもに体内でつくられるタンパク質から構成されている物質であり，触媒として作用するものである．触媒とは，その物質自体が化学反応を起こして変化するのではなく，化学反応を進めたり，反応速度を速めたりするものである．たとえるならば，消化酵素は巨大な生体高分子を切り離していくハサミのようなものである．

マスキングテープとハサミ

　身近なものでイメージするなら，同じ模様が繰り返し印刷されているマスキングテープをカットしていく様子を思い浮かべてみよう．マスキングテープを手でカットしていくことはそれほど難しいことではないが，うまくカットできなかったり，手間取ってしまったりすることもあるだろう．より効率的にカットしていくことを考えると，ハサミを使うとよいのではないだろうか．ハサミを使うと，手早く，簡単にカットすることができる．そして，この作業でもう一つ注目しておきたいのが，ハサミ自体である．ハサミはこのような作業をしたあとで何か変わるだろうか．本物のハサミならば若干の摩耗ということも考えられるが，基本的には何も変化しない．つまり，化学反応（＝生体高分子を切り離すこと）の前後で消化酵素は変化することなく，より効率的にこの反応を進めることに寄与するだけなのである．また，このハサミは1種類ではなく，生体高分子の種類に合わせていくつかの種類が用意されている．それはマスキングテープの素材，すなわち，紙だとかビニールだとかに合わせて使えるハサミが違うようなものである．このようにハサミ＝消化酵素はとても重要な役割を担っているのである（図21）．

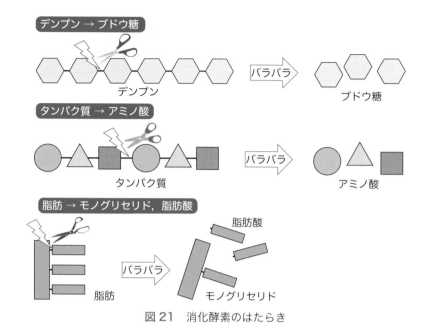

図21　消化酵素のはたらき

　ではカットについて，少しくわしくみておこう．

　それぞれの生体高分子は，パーツ（構造単位）が合体していく過程で脱水縮合して水を放出してきたが，その逆の反応を起こしてそれぞれのパーツまでバラバラにしていく．つまり，水を加えながらそれぞれの接続を切るというイメージである（これを加水分解という）．ただし，脂質だけは水に溶けないため，肝臓で合成される胆汁酸からなる胆汁で乳化してから消化する．

　この様子をおおまかにみると次のようになる．

タンパク質	＋	プロテアーゼ	⟶	アミノ酸
多糖（デンプン）	＋	アミラーゼ	⟶	単糖（ブドウ糖）
中性脂肪	＋	リパーゼ	⟶	グリセロール，脂肪酸

　さらに細かく，途中の過程も含めると図22のようになる．

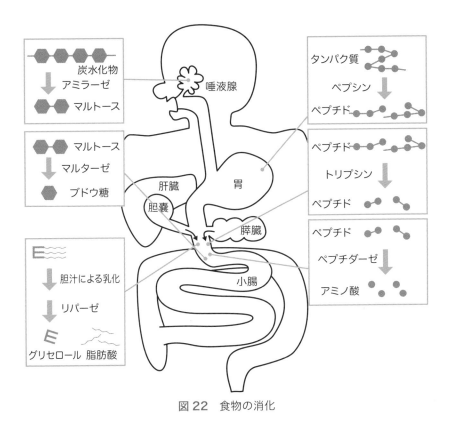

図22　食物の消化

本章のまとめ

　炭素を含む化合物を有機化合物という．有機化合物は炭素の電子配置の特徴からおもに共有結合により構成され，多種多様な物質が存在する．これらを分類し，命名するために，まず最も単純な有機化合物である炭化水素の炭素骨格に注目する．そして，そのほかの有機化合物へはこの方法を流用する部分と，化合物内の部分構造である官能基を用いる部分を組み合わせて行う．

　有機化合物のなかで人体を構成しているものを生体高分子とよぶ．生体高分子にはタンパク質，糖質，脂質，核酸があり，それらはさらに細かなパーツの組合せでできている．たとえば，タンパク質はアミノ酸からできており，このような生体高分子を酵素の力を借りて細かなパーツに分解していく体内での生理作用のことを消化とよぶ．

 まとめのワーク

1. 有機化合物とはどういうものか説明せよ．
2. 有機化合物の分類の仕方についてまとめよ．
3. タンパク質の構造とDNAの構造についてまとめよ．
4. 消化とはどういうものかまとめよ．

本書を最後まで学ばれたみなさん，人体とその活動を支える化学についてイメージが膨らんだでしょうか．改めてみなさんに次の質問をしたいと思います．

質問 ① 人体は何からできていますか？
② 人体はどのようにして(生命)活動しますか？

最初に序章でこの質問をみたときとは違った答えになっているでしょうか？　すべてを学び終わったいまこそもう一度序章を読み直し，振り返ってみてほしいと思います．とくにキーワードだった水，あるいは水溶液というものに沿って，人体を考えることができるか確認してほしいと思います．

　人体に関する知見は日進月歩で変化し，どんどん蓄積されています．みなさんが立派な医療者になるために，学ばなければならないことは増え続けています．これから学び続けるにあたって，基礎の基礎は本書にまとめてあります．何かのときには本書に戻って知識を確認してください．また，序章で示したような学び方も参考になるのではないでしょうか．

　本書を終えるにあたって，最後のメッセージは，「みなさんに，科学的にものごとが考えられ，科学的な根拠にもとづいて判断できる医療者になってほしい」ということです．

　医療の世界は人の生死に直結した世界です．どんなに手を尽くしても助けられない命もあります．そんななかで何かに縋る気持ちはとてもよくわかります．世の中にはこのような心理状態からか根拠のない民間療法もたくさん存在します．

　たとえば，「レメディ」という薬(砂糖玉として製剤化されたものが多い)を投与して治療を行うという「ホメオパシー」という民間療法があります．この民間療法では，2009年に山口県で，新生児に対して，与えるべきとされるビタミンKシロップの代わりに助産師が「レメディ」を与え，死亡させるという事故が発生しました．

　私はこのニュースを知り，大きな衝撃を受けました．助産師といえば，看護師資格ももっている医療の専門家です．そのような医療者がこのような民間療法を行っていた，しかもそれが日本助産師会の会員助産所全体の1割弱（2010年，日本助産師会調査）にも上っていたからです[*]．

　科学的に考えること，科学的な根拠にもとづいた判断は，とりわけ医療の世界では絶対に不可欠なことです．現場にでる前だからこそ，このような視点をしっかりともっていただきたいと考えています．

いままでの人生のなかで，私自身，自分や家族の病気に対して希望を失ったことが何度もありました．そのたびに医療者の方がたに救われてきました．また，いまこの瞬間も医療の最前線では，新型コロナウイルスに対して懸命な戦いが行われています．私自身はそんな最前線を思い，医療者の方がたに感謝することしかできません．

　私が医療に対してできること．それは，理科教育の専門家として，化学の基礎知識や科学的な思考，そして，学び方を伝えることなのではないかと考えています．そんな思いで本書を書き上げました．

　最後まで読んでくださったみなさんが現場で活躍されることを祈念しております．

〔＊ 2010 年 8 月 24 日付で，日本学術会議は，「ホメオパシーの治療効果は科学的に明確に否定されている」との会長談話を発表しています．また，現在，厚生労働省のホームページでは，「ホメオパシーのいくつかの主要な概念は，科学と物理の基本概念に反する部分があります．ホメオパシー治療薬の厳密な臨床研究を実施するには，いくつかの重要な課題があります．」と記載されています．https://www.ejim.ncgg.go.jp/public/overseas/c02/05.html〕

　令和辛丑　梅月

　　　　　　　　　　　　　　　　　　　　　　　　　　有本　淳一

索　引

◆ 著者略歴 ◆

有本　淳一（ありもと　じゅんいち）
1971 年　京都府生まれ
1997 年　大阪教育大学大学院教育学研究科修了
現　在　京都市立京都工学院高等学校 教諭
専　門　天文学，天文教育，理科教育
著　書　『天文学入門：星・銀河とわたしたち　カラー版』（編著，
　　　　岩波ジュニア新書）．『新しい高校地学の教科書』（共著，ブ
　　　　ルーバックス，講談社）．『授業に生かす！理科教育法　中
　　　　学・高等学校編』（執筆分担，東京書籍）．『地学基礎　改訂
　　　　版』（高等学校教科書 編集協力，啓林館）．『地学　改訂版』
　　　　（高等学校教科書 編集協力，啓林館）．『星空の遊び方』（共著，
　　　　東京書籍）など．

看護系で役立つ 化学の基本（第 2 版）

2013年4月25日	第1版	第1刷	発行
2021年3月31日	第2版	第1刷	発行
2024年3月1日		第4刷	発行

検印廃止

著　　者　　有　本　淳　一
発 行 者　　曽　根　良　介
発 行 所　　（株）化 学 同 人

〒600-8074　京都市下京区仏光寺通柳馬場西入ル
編集部　TEL 075-352-3711　FAX 075-352-0371
営業部　TEL 075-352-3373　FAX 075-351-8301
振替　01010-7-5702
e-mail　webmaster@kagakudojin.co.jp
URL　https://www.kagakudojin.co.jp

印刷・製本　（株）シナノ パブリッシングプレス